智能光电信息处理与传输技术丛书

电力系统变电站接地网的瞬变电磁检测及快速成像技术

秦善强　黄江波　付志红　著

中国科学技术大学出版社

内 容 简 介

本书系统地研究了用于电力系统变电站接地网的基于神经网络的瞬变电磁快速成像技术方案，针对瞬变电磁响应和仪器设备的特点提出了不同情况下的神经网络快速成像方法并进行了变电站接地网检测实验研究。在此基础上对变电站接地网的电阻率剖面特征进行了较为系统的分析，并利用神经网络聚类算法研究了基于不同粗细的扁钢所表征的视电阻率剖面差异，提出了扁钢的相对腐蚀度概念。

本书内容新颖、层次分明，涵盖变电站接地网检测技术的发展、电磁无损检测及成像理论、神经网络应技术、变电站现场试验及结果分析案例等，兼顾科学性和应用性，可供电力系统检修等领域的科研工作者和技术人员参考使用。

图书在版编目(CIP)数据

电力系统变电站接地网的瞬变电磁检测及快速成像技术/秦善强，黄江波，付志红著. —合肥：中国科学技术大学出版社，2023.2

(智能光电信息处理与传输技术丛书)

ISBN 978-7-312-05561-4

Ⅰ.电… Ⅱ.①秦… ②黄… ③付… Ⅲ.接地网—电磁测量—成像 Ⅳ.TM93

中国版本图书馆 CIP 数据核字(2022)第 242862 号

电力系统变电站接地网的瞬变电磁检测及快速成像技术

DIANLI XITONG BIANDIANZHAN JIEDI WANG DE SHUNBIAN DIANCI JIANCE JI KUAISU CHENGXIANG JISHU

出版 中国科学技术大学出版社
安徽省合肥市金寨路 96 号，230026
http://press.ustc.edu.cn
https://zgkxjsdxcbs.tmall.com

印刷 安徽国文彩印有限公司

发行 中国科学技术大学出版社

开本 710 mm×1000 mm 1/16

印张 8.25

字数 176 千

版次 2023 年 2 月第 1 版

印次 2023 年 2 月第 1 次印刷

定价 50.00 元

前　　言

瞬变电磁法(TEM)是一种应用广泛的电磁测量策略,该方法在实际应用中会因为探测的范围大或测点密集而产生大规模 TEM 数据。瞬变电磁法用于检测变电站接地网的故障和断点已被证明可行有效,但电力行业很少有处理 TEM 探测数据的专业人员,故在一定程度上影响了该方法在变电站接地网检测领域的推广。

本书系统地研究了神经网络用于瞬变电磁快速视电阻率成像的技术方案,针对瞬变电磁响应和仪器设备的特点提出了不同情况下的神经网络快速成像方法,并在电力系统变电站现场进行了实验研究。全书共 5 章。第 1 章介绍了电力系统变电站接地检测技术的背景、接地网检测技术和瞬变电磁成像方法的国内外研究现状及进展情况。第 2 章介绍了瞬变电磁快速成像的基本理论,包括 TEM 响应表达式的推导、视电阻率技术方法及基于“烟圈”理论的最简化反演。第 3 章介绍了瞬变电磁法的神经网络快速成像,研究了神经网络的权值更新和优化,讨论了基于遗传算法和 Pareto 多目标进化的神经网络结构优化方法;探讨了把采样时间点和感应电压数据一起作为输入变量、视电阻率作为输出变量的“自变量输入模式的神经网络”为基础快速成像方法,以及非线性方程模式的神经网络视阻率快速成像方法,其适用所有中心回线装置的瞬变电磁垂直磁场数据;在此基础上,研究了基于 GABP 和 MEPDEN 的瞬变电磁视电阻率快速成像方法,并给出了各成像方法的使用案例,针对发射装置为小线圈结构和大发射线圈装置下感应电压存在多解的问题进行了扩展讨论。第 4 章介绍了变电站接地网的瞬变电磁法检测与腐蚀程度量化方法;系统地分析了变电站接地网的电阻率剖面特征;研究了基于神经网络聚类算法的不同粗细的扁钢所引起的视电阻率剖面差异,提出了扁钢的相对腐蚀度概念和通过对类中心的距离输出所得到的所有测点的相对腐蚀度可以间接量化评价接地网的腐蚀程度的观点，以及SOM神经网络对接地网的深度-视电阻率矩阵的聚类方法；论证了瞬变电磁的接地网检测的实验模式和区域性测量方法可以反映地网的结构及故障位置，展示了在变电站现场的接地网检测的实例。第5章做了总结并介绍了该技术的未来研究方向。

本书是在重庆市自然科学基金项目（cstc2020jcyj-msxmX0781，cstc2020jcyj-msxmX0783，cstc2020jcyj-msxmX0109）和重庆市教委科学技术研究项目（KJQN202101403，KJQN202001407）的资助下完成的。中国科学技术大学出版社在本书的出版过程中做了大量细致的工作，在此表示诚挚的谢意。

由于作者水平有限，书中难免存在疏漏、不足之处，敬请广大读者批评指正。

秦善强

2022年9月

目　　录

第1章　概　　论

1.1　研究背景及意义

接地网的电气性能、本体性能、土壤腐蚀性能都会影响接地网的状态[1]。影响接地网状态的因素除了投运时间、改造时间、接地网材质和焊接工艺等本体性能外,还包括接触电阻、接地阻抗、场区地表电位梯度分布、跨步电压、接触电压的电气性能[2];而直接决定接地网泄流能力和电气性能的是接地网腐蚀速率、腐蚀后剩余截面积、断点数目,而决定地网腐蚀速度的则是其埋设环境,包括土壤质地、pH值、电阻率、含盐量、含水量、腐蚀电位、水溶性阴离子含量(Cl^-、SO_4^{2-}、HCO_3^- 等)等土壤腐蚀性能参数[3]。综合这些因素来看,接地网的性能不能靠单一检测方法和信息探测来评价。因埋设的隐蔽性,接地网性能的全面评价是输电工程中的难题,也是该领域一直高度关注的课题。

接地体腐蚀检测技术已有数十年的研究历程,但离大规模应用尚有不小距离。中国的接地材料主要采用扁钢,长期埋于地下,有的时间长达三四十年,腐蚀较为严重。接地网的腐蚀程度直接决定接地性能的好坏。因此,利用多元信息融合诊断技术建立接地网的腐蚀量化模型,对电力系统接地网进行定量和定性的缺陷诊断、腐蚀监测和状态评价十分重要[4-5]。开展接地网全面检测和诊断的综合评价技术研究,解决现有接地网检测方法灵敏性和信息性预知性不足的问题是电力公司系统在电网建设、发展和运行中需要解决的、迫在眉睫的重要课题。特别地,建立以传感和测量技术为导向的检测技术契合电网智能化检测的发展战略。

时间域瞬变电磁法(transient eletromagnetic method,TEM)是用来研究地下电导率分布的一种电磁测量策略,是一种通过发射回线发射脉冲电流并在发射电流迅速关断后的间歇期间接收二次感应电压的电磁探测方法[6]。瞬变电磁法因为其对导电目标体非常敏感的特性,而被广泛应用于水文地质、工程地质、地质和矿产勘查以及浅层金属探测。探测范围遍及区域规模的地下水研究、矿物勘探中小面积的薄浅层地质绘图或未爆弹药的定位，所以瞬变电磁法是我们探索隐蔽体的重要工具。

几十年来，瞬变电磁法已被成功用于地下水和岩土工程研究。特别是最近十年来，瞬变电磁的硬件系统日趋成熟，能够提供准确阈低偏差的数据，进而全世界对瞬变电磁的重要性有了全新的认识。瞬变电磁数据往往比较庞大，但大规模瞬变电磁数据解释使该方法在智能化和便捷化的发展方向上面临巨大挑战。对TEM进行二维或三维的数值模拟是为了反演时通过不停的迭代计算使数值模型和实际模型差别最小，反演就是最小化这个目标函数的过程[8-9]。计算TEM的三维(3D)模型的响应复杂，所以反演会过于耗时。面对这样的问题，用于加速反演的技术，如具有矢量化和并行化的算法[10]、正演模拟的加速近似[11]、局部网格加速技术等[12-13]都已经取得很大进展。虽然各方法都已经取得很大进展，但在实际应用中，电阻率深度成像是瞬变电磁数据解释及成像的广泛选择。电阻率深度图像算法(方法)是一种近似的反演方法，也可用于构建三维反演方案的起始模型[14]。电阻率深度成像是通过利用瞬变电磁场的穿透深度和扩散速度将视电阻率和深度相关联来构建的[6]。而某采样时刻的视电阻率是通过求解以均匀大地为背景的TEM响应的反函数得到的，具体的做法有用牛顿迭代法逐步求解瞬变电磁响应和TEM装置参数之间的非线性方程。

目前，使用机载瞬变电磁系统的区域调查[6,10]或在变电站的密集测量[15]会产生数百万的探测数据。实时快速的瞬变电磁成像是为探测领域即时显示调查结果的有利工具，有效并实时处理大规模观测数据是现代工程地球物理勘探和检测仪器的发展趋势。在变电站接地网检测工作中会产生大量的瞬变电磁数据，对海量数据的快速处理并实时向客户传送接地网的调查结果，因此能清楚地显示接地网的拓扑结构和故障或断点的位置。这会在很大程度上减少人力，使经验较少的检查操作员能够快速和精确地执行检测地网缺陷的工作，根据诊断图像做出关键决策，提高工作效率。

接地网由于需要泄流，都埋在一定深度的地下。当变电站规划好，电气设备安装完毕后，就很难对接地网的连通情况、故障情况和腐蚀情况进行直接的检查和评估。一直以来国内外科研机构在接地技术领域开展了大量研究和实践，建立了较为系统的技术理论体系，变电站的运行情况总体良好，没有发现严重不合理的技术盲区。按照相关试验标准和规程，电力公司系统在变电站接地网内部隐蔽缺陷的预知性诊断技术方面主要是采用接地电阻测试。但由于接地网采用网状结构，除非设备的接地引下装置与地网彻底断开或地网已大面积严重腐蚀断裂，否则接地电阻测试技术难以反映地网的连通性和锈蚀的状况。现有的其他接地网检测技术对诊断地网的内部缺陷也存在着明显的不足之处，尤其对局部断裂、串接回路、绕行回路等隐患不易发现。由于接地网故障点的测量手段比较单一，在实际工程应用中，必须依托变电站接地网设计拓扑图，凭借操作经验和地网接地引下线的裸露部分，再根据土壤腐蚀率，估计其运行状态。若想了解接地网的腐蚀程度，往往还得开挖检查。现存的方法往往不具有方向性，还可能破坏地表设施，工作量巨大、检查效率低下。除此之外，变电站的正常运行需求（不能断电）这一因素也决定了开挖检查地网的不可行性。这样的情况下，评估接地网的接地性能已经比较困难，判断埋在地下的导体的断裂情况和腐蚀情况更是非常困难。况且，接地网的开挖检修所造成的经济损失和给实际操作带来的困难又是必然的。因此，开展接地网快速检测及实时诊断新技术的研究和应用，解决现有接地网检测方法灵敏性和预知性不足的问题是电力公司系统在电网建设、发展和运行中需要解决的、迫在眉睫的重要课题。

电力系统接地工程主要有变电站接地、杆塔接地和直流输电接地极，在发生雷击和故障时需要泄放雷电流和故障电流，确保地表电位稳定，保护人员和设备安全。但接地体常年埋于潮湿的地下，腐蚀难以避免，成为了接地系统的安全隐患。杂散电流腐蚀、细菌腐蚀和电化学腐蚀是接地体腐蚀的主要原因[1-2]。因此，接地体腐蚀检测成为了接地系统状态评价的主要工作之一[3]，除此以外还有电力接地体检测、接地网拓扑检测和接地阻抗检测等。接地阻抗检测技术和设备比较完善[4]，但接地体腐蚀和拓扑检测难度较大，缺乏成熟的技术和装备。

接地体腐蚀检测技术已有数十年的研究历程，但离大规模应用尚有不小距离。铜、扁钢是接地导体常用材料，铜材虽比扁钢抗腐蚀能力更强，但长期埋于地下，有的时间长达三四十年，腐蚀同样不可忽视。中国的接地材料主要采用了扁钢，腐蚀较为严重，腐蚀检测的研究更为活跃。变电站接地网腐蚀检测技术主要有电网络法、电磁场法、电化学法等。近几年，超声检测法、电磁成像法等一些新技术也得到重视并取得一些进展。而特高压直流输电在近几十年来得到高速发展，直流接地极腐蚀更为严重。在单极大地回线时，碳钢腐蚀过快，接地极腐蚀已成为直流输电工程非常难解决的问题。由于接地体埋设于地下，属隐蔽工程，腐蚀程度难以直接检测，目前还主要依赖于现场开挖，但盲目性大、工作量大、速度慢，还受运行条件的限制，接地体腐蚀的非开挖诊断与评价技术亟待突破。

1.2 瞬变电磁的成像方法研究现状

瞬变电磁法是利用一种人工控制的发射源产生电磁场，通过人工电磁场感应存在于地下或隐蔽区域的目标体，并观测这目标体感应出的电磁响应。用可控的阶跃脉冲电流源产生脉冲电磁场(主磁场)，通过在地面上的发射机回路直接发射到该区域的地下，并在阶跃脉冲电流关断间歇期间，观测由主磁场激发的地下介质感应的电磁响应(二次场)。我们可以利用观测到的随时间变化的电磁响应，计算得到被探测目标的电阻率分布和大概位置，确定地下的电气结构分布[6]，如图 1.1 所示。

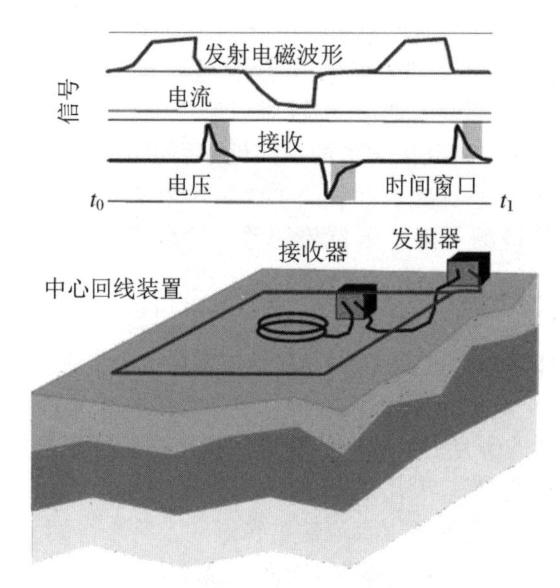

图 1.1　瞬变电磁系统工作示意图

1.2.1 瞬变电磁正反演

在过去的几十年里，瞬变电磁的反演技术在算法开发和实际应用方面取得了很大进展。最基本的反演算法是梯度逆理论，从初始模型开始迭代更新模型，直到更新的模型和调查数据的理论响应之间的方差小于预定的阈值为止。由于 TEM

调查会产生由数千甚至数十万个测点组成的大量数据，每个测点的反演计算经过数次迭代更新模型会花费大量时间。因此电阻率成像和一维反演技术是数据解析的首选。20 世纪 80 年代，S. H. Ward 和 G. W. Hohmann[6] 根据麦克斯韦方程的积分公式发展了一维近似的控制方程。一些一维的反演方法已经在不同环境下进行了测试[17]，也成功解释了多个 TEM 数据案例。横向约束反演（LCI）[18-19] 和整体反演[20] 则可以增强一维反演的横向平滑性。

大多数其他反演技术是通过定义目标函数，并将反演问题转化为最小化问题来达到反演的目的。通常在解决这个最小化问题的过程中需要的是标函数、最小化方法和正演模型。

目标函数是为了量化反演的目标。在各种文献中，研究者们会使用各种目标函数，但大多数目标函数可以概括为如下一般形式：

$$q = q_{\mathrm{obs}} + q_{\mathrm{r}} \tag{1.1}$$

其中 q_{obs} 是模型数据和观测数据之间的不匹配度，q_{r} 是包含先验信息以及粗糙度约束的正则化不匹配度。不匹配度通常可以写成如下的矩阵形式[21]：

$$q_{\mathrm{obs}} = N_{\mathrm{d}}^{-1}\delta \boldsymbol{d}^{\mathrm{T}} \boldsymbol{W}_{\mathrm{obs}}^{\mathrm{T}} \boldsymbol{C}_{\mathrm{obs}}^{-1} \boldsymbol{W}_{\mathrm{obs}} \delta \boldsymbol{d} \tag{1.2}$$

$$q_{\mathrm{r}} = N_{\mathrm{r}}^{-1}\delta \boldsymbol{m}^{\mathrm{T}} \boldsymbol{R}^{\mathrm{T}} \boldsymbol{W}_{\mathrm{r}}^{\mathrm{T}} \boldsymbol{C}_{\mathrm{r}}^{-1} \boldsymbol{W}_{r} \mathrm{R} \delta \boldsymbol{m} \tag{1.3}$$

其中 N_{d} 是对数据点数量的归一化，N_{r} 是对使用的正则化数量的归一化，$\delta \boldsymbol{d}$ 是正演响应的不匹配度，$\delta \boldsymbol{m}$ 是模型向量的变化量，$\boldsymbol{W}_{\mathrm{r}}$ 是权值矩阵，$\boldsymbol{C}_{\mathrm{r}}$ 是协方差矩阵，$\boldsymbol{R}_{\mathrm{r}}$ 是粗糙度矩阵。确定归一化权值矩阵的方案通常有以下几种选择：观测到的数据和正演数据之间的平方差的最小化（L_2）[22]、绝对差（L_1）[23] 或者像 Sharp SCI[24] 等其他模型方案。A. Abubakar 等使用了具有 L_2 范数的乘法目标函数[25] 来处理各不匹配度之间的特殊细节，其正则化项可以用来支撑平滑模型或块状电导率模型。

最常见的和最简单的最小化方法是梯度下降法。梯度下降法的模型更新 $\boldsymbol{m}_{n+1}$ 如下式所示[26]：

$$\boldsymbol{m}_{n+1} = \boldsymbol{m}_n + \gamma_n \nabla(\delta \boldsymbol{d}_n) \tag{1.4}$$

其中 γ_n 是线搜索长度。梯度下降法遵循的是梯度下降的方向所指向的是局部最小点。该方法虽然能确保收敛到局部最小值，但收敛效率比较低[27]。在一维建模中最常见的最小化方法是拟 Gauss-Newton 方案。

地球物理电磁法反演经常使用 Tikhonov 正则化方法，往往与 Gauss-Newton 最小化相结合[21]：

$$\boldsymbol{m}_{n+1} = \boldsymbol{m}_n + (\boldsymbol{G}_n^{\mathrm{T}} \boldsymbol{C}_n \boldsymbol{G}_n + \boldsymbol{\Gamma}^{\mathrm{T}} \boldsymbol{\Gamma})^{-1} \boldsymbol{G}_n^{\mathrm{T}} \boldsymbol{C}_n^{-1} \delta \boldsymbol{d}_n \tag{1.5}$$

其中 $\boldsymbol{G}$ 是雅可比矩阵，$\boldsymbol{\Gamma}$ 被称为 Tikhonov 矩阵。

Levenberg-Marquardt 是将梯度下降与 Gauss-Newton 方法相结合，以便获得最佳的收敛速度。Levenberg-Marquardt 的模型更新 $\boldsymbol{m}_{n+1}$ 由以下形式给出[28]：

$$\boldsymbol{m}_{n+1} = \boldsymbol{m}_n + (\boldsymbol{G}_n^{\mathrm{T}}\boldsymbol{C}_n\boldsymbol{G}_n + \lambda_n\boldsymbol{I})^{-1}\boldsymbol{G}_n^{\mathrm{T}}\boldsymbol{C}_n^{-1}\delta\boldsymbol{d}_n \tag{1.6}$$

这里的 λ 是一个调整参数，它决定了梯度下降和 Gauss-Newton 法对当前步骤的影响程度。尽管计算雅可比行列式的成本比较高，其他的方法也可能更有吸引力，但因为 Levenberg-Marquadt 能给出合理的收敛性而被经常使用。

非线性共轭梯度法[29]和复杂矩阵的非线性双共轭梯度法[30]是比较流行的最小化方法，它们用 Gram-Smith 正交归一化搜索局部最小值。该方法通常与预处理相结合以加速收敛过程。

对于瞬变电磁法而言，一维模型是事实上的主力，并且将会持续一段时间。一维模型比二维或三维模型要快几个数量级，因此一维模型一直被广泛使用。对建模的讨论主要是关于如何提高计算速度和系统建模的速度。C. Kirkegaard 等[20]解释了如何对一维模型进行矢量化和并行化计算，并开发了既可并行化又可矢量化的算法。N. B. Christensen，J. E. Reid 和 M. Halkjær[31]开发了一种快速一维近似方法，该方法用迭代来计算大地的视电导率；N. B. Christensen[32]通过选择最佳的视电导率初始模型来改进这种方法。

瞬变电磁法的正反演在算法开发和实际应用方面取得了很大进展。但执行反演算法时，每次迭代都需要计算正演模型。这样不仅计算速度很慢，反演的质量也往往会受到初始模型设置的影响。特别是在实际情况下，诸如覆盖面积广、数据量大的航空电磁法或某些特定工程领域如变电站的接地网检测的密集型瞬变电磁探测，进行大量的反演解释耗时更多，完全达不到快速成像的目的。

实时快速的瞬变电磁成像是为探测领域即时显示调查结果开发的有利工具，有效并实时处理大规模观测技术数据开发是现代工程地球物理勘探和检测仪器的发展趋势。

1.2.2 瞬变电磁快速成像

与大多数地球物理反演一样，瞬变电磁反演也不是唯一的，因为它们可以收敛到多个最终模型，具体取决于初始（起始）模型。一个好的起始模型（接近真实模型）不仅可以加速反演，还可以确保解决方案收敛到真实模型。而成像方法通常不需要起始模型，尽管这些成像方法并非是严格的反演，但它们也包含在反演评估中，因为它们往往可以提供与反演相似的结果，而且成像结果也可以作为设计反演时的初始模型。成像算法通常是将调查数据（瞬变电磁响应）转换成一些中间参数，比如电阻率或电导率。这些参数变化可以很好地说明地下的电气特性变化情况，通过将这些参数及其所对应的等效深度绘制在一起，我们可以对地下结构进行成像。

基于有效探测深度和视电阻率的差分电阻率法已经被成功地应用于地面和航空瞬变电磁数据的处理解释[33-35]。H. Huang 和 D. C. Fraser 将有效深度 z 定义为趋肤深度 δ_d 和视厚度 d 的函数[33]：

$$z = f(\delta_d, d) \tag{1.7}$$

其中视厚度 d 可以从 D. C. Fraser 开发的伪层状半空间的电阻率计算方法获得，并且趋肤深度 δ_d 可以通过频率和电阻率计算，函数 $f(\delta_d, d)$ 是凭经验确定的[23]，图1.2显示了如何获得差分深度 z_Δ 和差分电阻率 ρ_Δ。差分电阻率法是一种近似算法，取决于趋肤深度和视厚度。但差分电阻法存在着在某些情况下其深度估计值低于实际深度电阻率剖面的缺点。

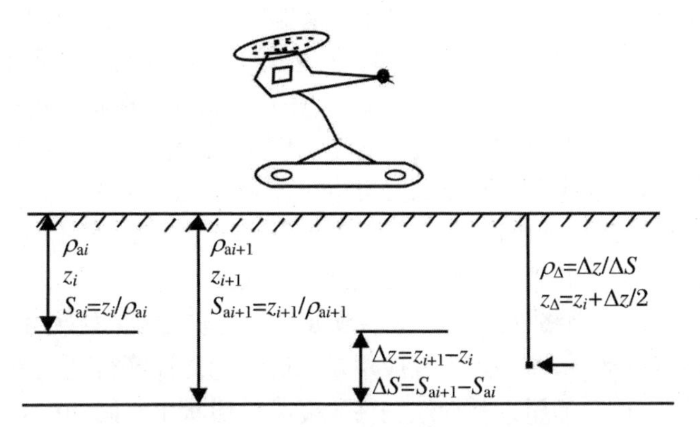

图1.2 差分深度和差分电阻率等效模型

注：ρ_{ai} 和 z_i 分别是均匀半空间的视电阻率和有效深度；Δz 是电导率 ΔS 的厚度[33]

电导率-深度成像（conductivity-depth imaging，CDI）在瞬变电磁法的数据解释中被广泛使用。H. Huang 和 J. Rudd[36]使用视厚度 Δ_i、有效深度 d_i、时间常数 τ_i 和幅度 α_i 提出了CDI的伪层状半空间模型：

$$\tau_i = \frac{t_{i+k} - t_i}{\ln A_i - \ln A_{i+k}} \tag{1.8}$$

$$\alpha_i = (A_i^2 + A_{i+k}^2)^{1/2} \tag{1.9}$$

$$d_i = f(\delta_i, \Delta_i) \tag{1.10}$$

其中 k 是时间窗口之间的增量（大于或等于1），A_i 是对应于时间窗口 t_i 的测量信号的幅度，δ_i 是由采样窗口和电导率确定的扩散深度。H. Huang 和 J. Rudd 给出了幅度 α_i 和时间常数 τ_i 之间的关系，并从扩散深度 δ_i 和视厚度 Δ 确定了成像的有效深度。通过查对应表将调查数据转换为图像,该表是在不同时间窗口和不同电导率下计算的均匀半空间的瞬变电磁响应生成的对应表。然而,该方法具有非唯一性问题,因为可以针对两个现有电导率对应一个瞬变电磁响应。

视纵向电导参数(S)对采样时间的灵敏度高,能以高灵敏度和信噪比将大地的电性层分辨清楚。E. Tartaras 等基于 S 反演方法[37],建立了瞬变电磁数据快速成像算法;M. S. Zhdanov 等基于 S 反演并将各向异性考虑在反演中,提出了局部 S 反演法,将其应用在地面和航空瞬变电磁数据检测中,取得了良好的效果[38];严良俊等从"薄板理论"出发,实现了全区视纵向电导与视深度的反演计算[39],具有良好的分层性,算法简单易行且有效;李貅等采用 B 样条函数实现了电导参数的微分成像[40],可以识别电性界面的分布。这些成像方法虽然取得了明显进展,但在面对测线较多、测点较密的情况时,依然不能达到实时成像的目的。

国内外有学者探讨了瞬变电磁法在隧道地质超前预报中的应用[41-42],对不同位置的不良地质体做了有限元数值模拟,但这项工作需要复杂的理论推导和电阻率图像的非中心垂直分量变换,效率不高。人工智能算法在瞬变电磁领域的应用也得到快速发展[43-46],王家映很早提出把人工神经网络(ANN)应用在反演问题中,徐海浪则用 BP 神经网络拟合了二维电阻率,Li Jianhui 利用模拟退火算法对理论感应电动势和实测感应电动势进行拟合。文献[44-46]在神经网络的实际工程应用上都存在一定的问题。例如:文献[44]中收敛于目标函数的局部极小;文献[45]中实际资料神经网络反演的训练集数据选择比较困难;文献[46]是由电阻率值拟合实测感应电动势,而实际工程应用是感应电动势计算得到视电阻率,实际应用不好。朱凯光、林君等用人工神经网络研究了伪层状半空间的电导率深度成像,但训练网络的泛化能力还需要进一步加强,还不具普适性[47-48]。嵇艳鞠等通过计算电性源的感应电动势,建立感应电动势与电阻率单一映射关系,用三层误差反向传播算法神经网络和列文伯格-马夸特算法输出电阻率,而该方法用于实测数据处理还需进一步研究[49]。由于这些方法计算成本高,故这些技术的应用受到限制。

1.3 变电站接地网检测方法研究现状

接地网是电力系统的重要组成部分,它专门用于将接地故障电流和雷电放电电流泄流到地面。在接地故障期间,地球表面上的潜在梯度通常很大,会产生危及该区域内的人员或设备的危险,并中断服务的连续性[50]。当接地网的性能不再满足要求时,电网无法满足其要求。接地网通常由钢或镀锌钢制成,这些接地网的使用寿命很短[51]。在中国，地面事故造成的经济损失可能高达数百万甚至数十亿人民币[51]。中国电力行业标准《电力设备预防性试验规程》(DL/T 596—2005)中规定[4]，对于额定值超过 35 kV 的变电站，运行 10 年以上的接地网需要挖掘检查。检测变电站电网故障区域的完整拓扑配置和定位故障位置对于评估变电站接地网的状态非常重要，特别是对设备图丢失的旧变电站尤其重要。

面对上述挑战和变电站接地网设计图的丢失，电力行业一直非常希望有一种非破坏性、快速、可靠、经济的方法来检测接地网。检测结果包括故障点的综合情况、腐蚀和接地网的拓扑结构。

变电站接地网断点检测与故障诊断技术和手段已经有很大进展[1,51-63]，例如对接地电阻，表面电位和触摸电压的测试[57]，但很多测试方法的使用会受到严格的限制。文献[52]中介绍的方法要求电力系统在测量期间断电并提供强大的接地电流源。文献[1,53,57-59]中的方法取决于接地网的拓扑结构和其他不确定因素，如土壤电导率、湿度和气候。电磁场分析方法测试地表电位和磁场分布，以确定接地网的缺陷[54-55,60-63]。由于电流注入会在注入点附近引起不均匀性，所以实际操作时必须远离注入点。文献[64]已经使用小波边缘检测方法从测量的磁感应中找到了接地网和接地导体，但是从多个节点到接地网的多个注入电流是低效的。腐蚀的程度和速率可以通过测量栅极导体和土壤之间的电化学性质来确定[65]，但不能检测接地导体的断裂，还容易受电磁干扰的影响。通过测量变电站的接触电压数据和跨步电压数据的在线监测可以推断接地状态的变化，但在线监测只关注操作人员的安全性，而对电力设备安全性的保护缺乏足够的监测[66]。由于操作条件的限制，上述方法只能解决单个问题，或者存在不适用于大型变电站的情况。

1.3.1 传统接地网检测分析方法

按照现行电力试验标准和规程，目前对变电站接地网内部隐蔽缺陷的预知性检测主要采用测试接地电阻来实现。但由于接地网采用网状结构，除非设备的接地引下装置与接地网彻底断开或接地网已大面积严重腐蚀断裂，否则该方法难以真实反映地网的腐蚀状况。因此现有检测技术和评价方法对于接地网腐蚀的检测与评价存在明显的不足。尤其是在实际工程应用中，经常需要参考土壤腐蚀率，同时依托变电站接地网设计拓扑图。只能凭借在变电站的操作经验和地网接地引下线的裸漏部分估计接地网的腐蚀程度，然后挖掘检查；但这种方法不具有方向性，常会破坏地表设施，且工作量巨大、检查效率低下。除此之外，变电站需要正常运行，这一因素也决定了地网开挖检查的不可行性，开挖检修所造成的经济损失和给实际操作带来的困难是必然的。

接地网的拓扑结构探测有很重要的意义,很多接地网故障检测和状态评估的方法都需要接地网的设计图纸作为参考,给检测和评估指引方向。但有不少年代久远的老旧变电站和经过改建扩建接地网的变电站,容易发生接地网设计图纸缺失或因新老地网交错导致设计与实际存在较大偏差的情况,给接地网的故障诊断和状态评估带来较大困难。对新建变电站的接地工程,评判接地网是否严格按照设计图施工,也缺乏有效的检测方法。况且,像用电网络法诊断接地网的缺陷,需要提前知道接地网的拓扑结构才能建立诊断方法。因此,接地网拓扑结构的探测技术十分重要,使用电磁场法、瞬变电磁法以及一些图像处理技术探测地网拓扑结构在近几年得到良好的发展[15,64,67-69]。

目前,接地网故障及腐蚀检测的传统方法主要有电路理论(接地网节点分析法)、电化学分析法、场路法(地表电磁场分析法)和无损探测法(大电流法),但这些仅能解决接地网腐蚀检测和评价的部分问题,而完整的解决目标应包括:① 在线检测,不影响电网运行;② 无损非开挖,提高效率、减少损失;③ 地网信息全面探测,包括断点、腐蚀和地网结构探测,解决无先验信息难题,无需地网设计资料。下面具体介绍一下各传统接地网故障及腐蚀检测的方法:

第一,接地网节点分析法最初由重庆大学提出,该方法以地网每段导体电阻为故障参量,将诊断理论、电网络理论、矩阵理论结合起来。采用线性优化方法,通过与原始数据的比对,获得节点的腐蚀或断裂情况。基于特勒根定理的端口电阻法最早由重庆大学黄勇、贺兴柏等在 20 世纪 90 年代初提出,基本原理如文献[53,70]所述。接地网一般由水平均压导体相互连接而形成,埋设于地下,单个网格一般为矩形,材料为普通镀锌扁钢、圆钢或扁铜。忽略土壤等因素影响,把接地导体看作纯电阻,并且假设接地引下线与地网相连的点都位于网格的节点处,没有发生偏移。根据 KCL、KVL 和特勒根定理,可推导电网络法诊断方程:

$$
\begin{cases}
\Delta R_{ij(1)} = \sum\limits_{k=1}^{b} \Delta R_k I_{k(1)} I'_{k(1)} / I_0^2 \\
\Delta R_{ij(2)} = \sum\limits_{k=1}^{b} \Delta R_k I_{k(2)} I'_{k(2)} / I_0^2 \\
\cdots\cdots \\
\Delta R_{ij(m)} = \sum\limits_{k=1}^{b} \Delta R_k I_{k(m)} I'_{k(m)} / I_0^2
\end{cases}
\tag{1.11}
$$

其中 I_0 是在两个可及节点间注入的电流,ΔR_{ij} 是在两个可及节点间注入电流时测得的端口电阻变化量,I_k 是基于 I_0 注入时网络 N 的各支路电流,以上三个量都已知。ΔR_k 为网络腐蚀前后支路电阻变化量,I'_k 为网络 N 的各支路电流,所以 ΔR_k

和I'_k是未知量。方程组(1.11)是一个非线性方程组，而且方程个数 m 通常情况下小于支路数b，故该诊断方程是欠定方程。该方程无法直接求解，一般采用迭代算法，利用接地网拓扑结构图，通过测量各个接地引下线间的电阻，代入腐蚀评价方程并求解出各个支路导体的电阻值，以此判断接地网各支路导体的电阻变化。把计算的电阻值和标称值相比较来判断该支路的接地网导体的腐蚀情况。

如何建立接地网的故障诊断方程并求解该方程以及接地网的非线性因素和接地引下线的电阻等因素对求解的影响，是现今用网络节点法诊断接地网故障的研究热点。一些应用软件和诊断系统也已推出，其应用仍然在推广过程中。但接地网拓扑技术是这种方法的前提，施工不规范或老旧的变电站，难以建立精确地网模型且需进行若干裸露在外的接地端测试，无法在线监测；同时现场试验也存在很多问题，比如把无地网设计图纸作为参考，接地引下线锈蚀严重测试的电阻过大，新老地网相连，受电气设备及电缆支架和门型架的影响等。同时由于接地引下线的位置固定、数量有限，测量的精度、检测效率和实用性有限，对接地引线的选取限制也不利于此方法的应用。由于网络节点法面临着众多难题，尽管该方法研究起步较早，但实际操作和推广依然比较困难。

第二，电化学分析法是通过建立一个金属和土壤的共同体系，测量这整个体系的电化学特性来判断腐蚀的速率或腐蚀的程度。电化学法已成功用于管道、混凝土钢筋、金属构件的腐蚀检测，而用于地网腐蚀检测仅限于最近几年。它依靠交流阻抗的原理，将小交流电信号注入土壤体系，测量该体系随着注入的小交流电信号的微小改变而引起的变化情况。计算出几个电极间的交流阻抗，从而得到极化电阻及腐蚀速率等参数并用其来判断接地网导体当前的腐蚀情况，结合地网的历史数据，估算接地体的腐蚀程度。

张秀丽、韩磊等[71]等提出了用阶跃的恒流对地网区域进行充电，通过分析所测量的充电曲线判断该测量区域内地网的腐蚀情况。虽然对地网的腐蚀程度检测有一定效果，但其无法判断故障点，另外，电磁干扰也会影响该方法的应用效果。T. Yang 和 M. Peng[72]采用阶跃电压激励的准稳态测量获得了接地导体的腐蚀速率。电化学法理化意义明确，揭示了腐蚀本质，具有良好的发展前景，不过其还远未成熟。

第三，地表电磁场分析法通过向两条接地引下线发射一定频率的正弦电流，形成一个正弦电流激励的闭合回路，然后在两引下线之间的区域测量感应的地表磁场对接地网进行诊断。根据地表磁场的分布特征，再对比正常地网的差异来诊断接地网的缺陷故障情况[73]。

早在 1986 年，F. Dawalibi[54]就提出通过在接地网引下线注入电流，测量地表电磁场分布。通过与理论模型比较，获得局部电磁场变化，以此判定接地网缺陷。

F. Dawalibi 分析了注入方式(位置、注入点数量)、频率、网络结构等对诊断的影响。张波[74]等采用了最高可用 1 MHz 的高频交流电流注入，根据泄漏电流大小诊断接地网断点。注入电流频率越高，越有助于提高诊断分辨率。但是，研制 1 MHz 的高频电流源较为困难，位移电流的影响也需要注意。崔翔、刘洋等采用了379 Hz 交流注入电流，通过测试地表磁场幅值的跌落判定地网的腐蚀程度[75]，低频电流源降低了电源设计难度。何正友[76]在高铁接地系统注入 50 Hz、10 A 电流，通过地表磁场实现了接地导体的腐蚀诊断。基于地球物理频域探测和双频激电方法启发，张蓬鹤、何俊佳意识到土壤的频散特性，提出注入双频方波电流[77]；方波电流具有宽频特性，某些频点可能对接地网腐蚀信息有放大作用，以此可改善地表磁场法的检测效果。Qamar[78]提出用微分运算放大特征信号，对地表磁场进行三阶微分，以峰值定位接地网导体，实现接地网拓扑检测，并根据地表磁场的三阶微分峰值的缺失判定扁钢断裂[55]，但微分运算会放大噪声，不利于变电站强电磁干扰运用。为了减小测量工作量，杨帆[79]提出测量变电站接地网上方部分测量点的磁感应强度，建立接地网磁场逆问题，采用 LSQR 法对逆问题进行求解，并对接地网上方磁场进行重构，实现接地网的腐蚀故障诊断。

电磁场法在工作模式、故障诊断特征分析等方面比电网络法简单得多，可操作性也有明显提高。但仍存许多难题：变电站的噪声干扰很大，将影响判断的准确性；与注入电流位置相关，难以归一化处理；易受注入引线影响，引线的布置尚未引起足够重视；由于土壤频散特性，最佳注入频率和波形形状没有明确结论；在接地导体不均匀分布、复杂土壤电阻率等情况下的电磁场分布还缺乏研究；易受变压器、电缆沟、支架等电气设备影响。

第四，大电流法是给地网接地引下线注入大电流，通过测量接地网的接地电阻等来分析接地网的接地性能和状态。大电流法因为不需要特殊的测量设备(定制测量系统)，所以表现的并不合乎需要，而且在大多数实际情况下，基于大电流法的测试可能非常主观，并依赖测试环境和耗时。

文献[50,80-82]考虑了用于测试接地网格完整性的大电流方法。这些参考文献提供了大电流方法的背景信息。V. I. Kostić 改进了常用大电流法(常规 HCM)测试接地网整体能力的能力[56]，如图 1.3 所示。基于明确的标准测量，使用 100 A 的直流测试电流，获取了原始数据并自动后处理，通过在运行中的变电站进行复杂的现场测试验证了其方法的有效性。大电流法是大型接地网的常规检测内容，根据《输变电设备状态检修试验规程》(Q/GDWDDD 1168—2013)规定[5]，接地网接地阻抗测量基准周期为 6 年，若接地网接地阻抗或接触电压和跨步电压测量不符合设计要求，怀疑接地网被严重腐蚀时，应进行开挖检查。修复或恢复之后，应进行接地阻抗、接触电压和跨步电压测量，测量结果应符合设计要求。但本方法在测量时需要停电和大电流源，大电流源法对多个断点的接地网检测优势比较大，但没见有关反映地网腐蚀的文献和报道。

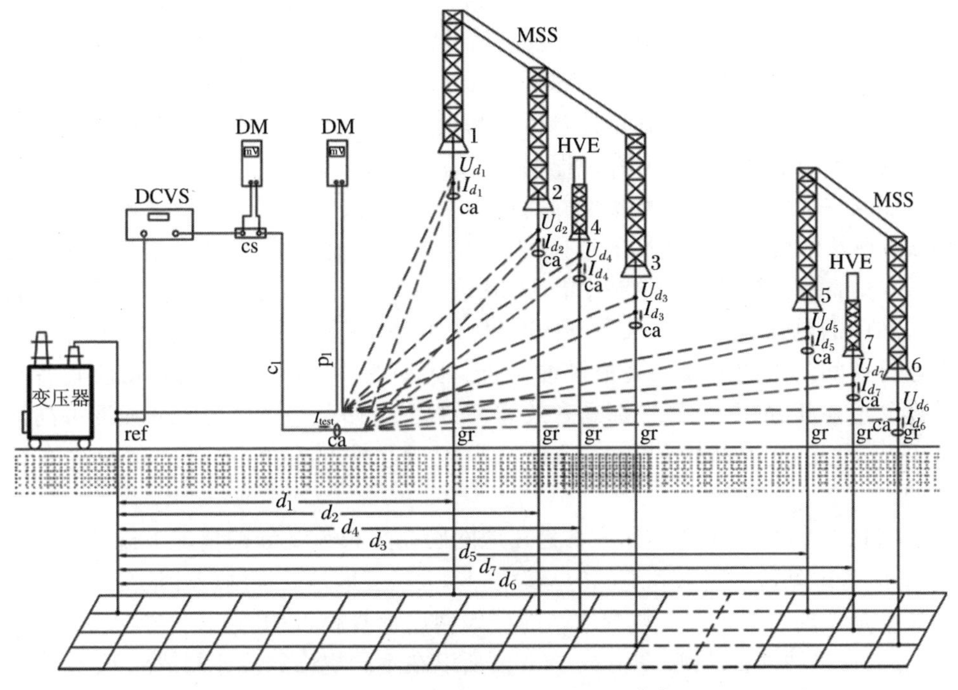

图1.3 接地网腐蚀诊断大电流法[56]

1.3.2 瞬变电磁接地网检测分析方法

近年来，地球物理探测、生物医学成像等领域的研究成果为接地网故障诊断带来活力，形成了接地网故障诊断的电磁成像法分支。

瞬变电磁法是一种穿透力比较强的地球物理方法，对低电阻目标物敏感、探测效率高、纵向分辨率高且可以无接触的对目的区域测量，主要用于地球物理探测领域，但最近被成功应用于变电站接地网的断点检测和故障诊断[15,67-69]。用瞬变电磁法探测接地网，通过对探测接地网的瞬变电磁响应求反问题获得接地网不同深度处的视电阻率，并构建接地网的三维视电阻率纵剖面图。然后利用获得的接地网的视电阻率断面图诊断变电站接地网的断电位置和扁钢位置。该方法探测精度高、形象直观，用于非挖掘和不带电情况，不影响电网运行。

C. Yu 等[15]实现了利用瞬变电磁成像对接地网进行断点检测和接地网拓扑

探测，经视电阻率剖面成像和三维成像，可以形象地得到接地网的断点位置和拓扑结构。在实际应用中，对拓扑结构的探测和腐蚀程度的诊断会产生大量的瞬变电磁数据。成像计算的工作量很大，以往的成像方法很难做到在较短时间内得到地网的视电阻率断面图像以显示拓扑及故障位置等结果。C. Yu 等在模拟仿真方面讨论了管线及电缆对接地网探测的影响以及扁钢腐蚀程度和瞬变电磁接收信号之间的关系。这些都是建立在定性分析的基础上，但没有讨论根据瞬变电磁数据或视电阻率剖面定量的建立和腐蚀程度之间的关系。

而且在瞬变电磁法探测接地网的过程中，使用接收线圈或其他采集设备记录地表的磁场强度似乎是自然的选择[15,67-69]。但技术上来说，在变电站直接测量磁场很少是直接可行的。变电站中的 TEM 信号的频率范围是 1 Hz～$n\times10$ kHz，而变电站中的电磁噪声主要来自 50/60 Hz 的电源频率及其在开启或关闭时以及在运行期间产生的谐波或高值脉冲干扰。频率为 50/60 Hz 的电磁场及其所有谐波分量在 TEM 的信号中都是有效的，而且变电站某些区域的磁场强度可高达 10 μT。因此，变电站探测接地网技术只记录地表的磁场强度是存在潜在缺点的。

除此之外，C. Yu 等的研究都是在地网网孔边长为 2 m 的情况下进行的。众所周知，考虑到地网材料和地网的建设成本，大型变电站的地网设计地网网孔边长为 2 m 是不现实的。大多数变电站的接地网设计规格，网孔边长介于 3～8 m 之间，有的变电站甚至达到 10 m 或 12 m。所以在不同规格的接地网情况下，还需继续研究瞬变电磁的信号特征以及视电阻率特征。

1.3.3 其他无损检测方法

时差定位法[83-85]是最近提出的接地网缺陷定位新方法，其包括超声波检测法和电磁脉冲时差分时差定位法(D-TDOA)。超声波检测法[83,84]利用了超声波的匀速传播碰到缺陷会发生反射的特性，通过计算接收反射波的时间差获取缺陷位置，反射波的波幅可估算缺陷的大小。超声法检测的是非电磁参量，对电力系统强电磁干扰不敏感，这是主要优点。网络化的测量是整个网格的整体响应，导波传输速度较低，早期信号反应导体近端腐蚀信息，可以消除临近网格导体影响。但因为地网深埋地下，网状结构会给测量带来的方向性的问题；扁钢的焊点、引下线与电气设备连接点和土壤的非均匀性等对超声导波检测法的影响都是难以解决的问题。

N. R. N. M. Rodrigues 提出了电磁脉冲差分时差[85]，通过注入高斯脉冲电流，利用宽频带测量传感器(1 kHz～1 GHz)检测脉冲传输时间。故障定位精度在10 cm,但该方法尚未现场检验。由于激励源频率太高,输出功率也是个问题。

国网重庆电科院和重庆大学[86]公布了一种基于阈值比较的接地网腐蚀断点检测系统,该系统能有效诊断接地网是否存在腐蚀断点,同时还可进一步确定腐蚀断点的具体位置。该技术通过阈值比较电路,把对某点测得的磁场强度值的归一化响应因子与阈值进行比较,来判断该点是否存在腐蚀或断点。

国网山西省电力公司电力科学研究院和中国科学院电工研究所[87-88]通过在接地网上方地面对地网发送电磁波,利用阵列超声波传感器接收地网产生的超声信号,并对超声信号进行反演成像处理,可分辨地网的结构。该方法申请了新型实用专利,但并无现场或仿真实例验证该方法的有效性,也没有对地网导体腐蚀情况的分析。吉林大学[89]基于瞬变电磁异常环,把地网看作一个环,若有断点则为异常。此方法适合有完整的地网设计资料,且地网网格是在规则四边形且网格都相同的情况下使用,此方法并无对地网导体腐蚀情况的论证。

1.4 主要研究内容

瞬变电磁探测越来越多地被用于环境和区域调查以及浅金属探测,观测TEM数据处理的有效和实时是现代工程地球物理勘探和检测仪器的发展趋势,并且TEM的快速实时电阻率成像符合工程人员即时查看调查结果的期望。

另外,对于没有地球物理背景的电网运营商,从记录的二次电磁场数据中获得视电阻率的计算过于复杂。因非专业的反演很可能会产生不同的视电阻率剖面图,将导致接地网故障诊断失败。即使是专业的瞬变电磁反演,实时诊断电网故障也是一项耗时太多的计算工作。SMT(传感和测量技术)导向的智能电网需要简化检测流程,使经验较少的检查操作员能够快速和精确地执行检测地网缺陷的工作,根据诊断图像做出关键决策。

本书研究了电磁探测领域的瞬变电磁快速成像技术,论证了瞬变电磁法在接地网检测及故障诊断方面的基础性研究;旨在解决工程勘查以及变电站接地网检测中实时有效的成像问题,促进现代工程地球物理勘探和检测仪器的发展以及变电站智能化检测的发展。同时在瞬变电磁接地网电阻率成像的基础上研究变电站接地网腐蚀的量化评价,提高电力工业接地网的腐蚀程度评价的效率和准确性。

本书具体研究内容如下:

1. 分析瞬变电磁法视电阻率快速成像理论，研究用神经网络求解瞬变电磁法视电阻率的快速算法，并优化算法速度和精度。具体开展了以下工作：

(1) 分析瞬变电磁响应公式中响应和自变量关系的特点，拟提出自变量输入模式的神经网络求解视电阻率，建立以不同时间点上的感应电压、瞬变电磁装置参数(如发送回线半径和有效接收面积)和采样时间为输入，视电阻率值为输出的神经网络，直接输出视电阻率值；

(2) 拟提出非线性方程模式的神经网络求解视电阻率，分析中心回线方式的瞬变电磁响应关系式，设计出神经网络的输入、输出关系，计算出神经网络的输入、输出样本集，研究神经网络对瞬变电磁响应的非线性方程进行拟合；

(3) 利用遗传算法对瞬变电磁快速成像的ANN结构的权值和精度的优化，利用局部搜索算法(BP)的模因精英Pareto非支配排序的差分进化算法设计TEM视电阻率解的神经网络结构，优化其权值和精度；

(4) 分析小线圈发射装置的瞬变电磁响应和瞬变场参数的关系，讨论在小线圈装置模式下的ANN模型构建；拟提出建立采样时窗的神经网络映射感应电压所对应的视电阻率值。

2. 以提高变电站接地网检测的效率、完善不同规格的接地网检测、量化接地网的腐蚀程度为目标，开展以神经网络瞬变电磁快速成像为基础的接地网检测与分析，具体如下：

(1) 研究现场工况下的实验措施和去噪技术，结合规程，建立接地网现场快速检测方案；提出用神经网络快速视电阻率成像技术对接地网进行快速扫描诊断，提高检测效率，减少人工成本，实现接地网全寿命周期的腐蚀状态跟踪评估；

(2) 建立接地网的瞬变电磁模型，研究接地网的瞬变电磁场分布规律；分析瞬变电磁特征；利用瞬变电磁神经网络快速成像技术研究接地网的视电阻率剖面特征，并对变电站网格拓扑配置和故障检测的实时成像；

(3) 按地网扁钢的粗细程度建立接地网模型，研究感应涡流场在不同粗细的地网模型中的传播机理和特征，研究不同粗细下的接地网的视电阻率剖面特征；

(4) 研究在接地网网孔不同尺寸下的瞬变电磁响应的传播机理和特征，研究其所表现的视电阻率剖面特征；

(5) 根据不同粗细和不同尺寸的视电阻率剖面特征，设计接地网扁钢的相对腐蚀程度，并定义相对腐蚀度。

3. 研究接地网扁钢的粗细和瞬变电磁深度-视电阻率的特征关系，提出瞬变电磁接地网的相对腐蚀度概念，所开展的工作具体如下：

(1) 提出根据瞬变电磁法的视电阻率断面图，利用聚类算法对接地网腐蚀程度做量化评价；

（2）建立接地网腐蚀程度的量化模型，研究深度-视电阻率矩阵的 SOM 神经网络竞争学习过程；

（3）通过对接地网区域所有测点的深度-视电阻率矩阵进行聚类计算，得到所有测点的深度-视电阻率矩阵的相异度，对测点进行区域分类；

（4）提出利用 SOM 神经网络将瞬变电磁深度-视电阻率数据转换成相对腐蚀度，量化所检测区域的腐蚀程度。

4．变电站实例分析。

第 2 章 瞬变电磁法视电阻率快速成像理论

2.1 引 言

中心回线装置下的瞬变电磁测深，其发射源是大地介质表面敷设水平回线，通过回线发射阶跃脉冲电流从而产生电磁场（称为一次场），产生一次场辐射探测的区域，并在阶跃脉冲电流迅速关断后采集大地介质从而产生二次感应磁场（称为二次场）。通过对二次场的反问题求解计算出大地介质的电阻率空间分布，如图 2.1 所示。瞬变电磁回线发射源的阶跃脉冲电流的函数为如下形式，其中 t_0 为稳恒电流关断的时刻：

$$i(t)=\begin{cases} I_0, & t < t_0 \\ 0, & t \geqslant t_0 \end{cases}$$

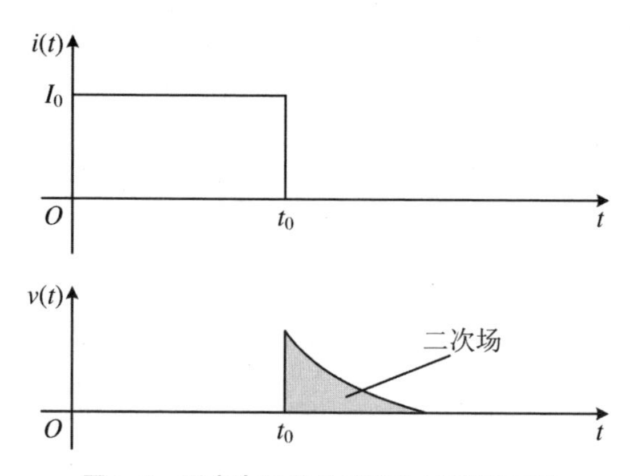

图 2.1 瞬变电磁信号的产生过程示意图

我们从麦克斯韦方程组的基本关系式出发，研究瞬变电磁法的基础理论。通过研究理想场源激励下的均匀导电半空间的瞬变电磁响应，推导中心回线装置中心点的垂直磁场表达式和磁场随时间的变化率表达式。研究瞬变电磁信号特征及全程视电阻率计算方法以及以“烟圈”理论为基础的最简化反演，形成 TEM 全程视电阻率数值计算方法及成像技术。

2.2　瞬变电磁响应表达式推导

在磁性源瞬变电磁法探测中，回线源产生的电磁场具有柱对称性，通过柱坐标求解此类场的分布比较方便。我们先讨论一维层状介质上全空间的瞬变电磁响应，由准静态近似条件从层状讨论到均匀空间，最后再到大地表面和回线中心处的均匀半空间的电磁响应表达式。

S. A. Schelkunoff 引入一组势函数 $\boldsymbol{F}$，称为谢昆诺夫矢量势[90]。瞬变电磁法在无源的区域不用考虑磁性源引起的矢量势 $\boldsymbol{F}$[91]。谢昆诺夫矢量势 $\boldsymbol{F}$ 的旋度为 $\boldsymbol{E}$，即

$$\boldsymbol{E} = -\nabla\times\boldsymbol{F} \tag{2.1}$$

则定义 TE 矢量势为

$$\boldsymbol{F} = F\boldsymbol{u}_z \tag{2.2}$$

这里，$\boldsymbol{u}_z$ 为 z 方向的单位矢量。

根据无源的非齐次亥姆霍兹方程，一般大地介质下的标量势 F 满足

$$\nabla^2 F + k^2 F = 0 \tag{2.3}$$

其中 $k=(-\mathrm{i}\mu\sigma\omega)^{1/2}$ 是波数。ω 为角频率；μ 和 σ 分别为磁导率和电导率，介质中的磁导率 μ 与自由空间磁导率 μ_0 相同，即 $\mu=\mu_0$。

用二重傅里叶变换[92]

$$\tilde{F}(k_x,k_y,z) = \int_{-\infty}^{\infty}\int_{-\infty}^{\infty} F(x,y,z)\mathrm{e}^{\mathrm{i}(k_x x+k_y y)}\mathrm{d}x\mathrm{d}y$$

$$F(x,y,z) = \frac{1}{4\pi^2}\int_{-\infty}^{\infty}\int_{-\infty}^{\infty} \tilde{F}(k_x,k_y,z)\mathrm{e}^{\mathrm{i}(k_x x+k_y y)}\mathrm{d}k_x\mathrm{d}k_y$$

得

$$\frac{\mathrm{d}^2\tilde{F}}{\mathrm{d}z^2} - \hat{u}^2\tilde{F} = 0 \tag{2.4}$$

式中 $\hat{u}^2=k_x^2+k_y^2-k^2$。依据平面波解推导[93]方程(2.4)可得

$$\tilde{F}(k_x,k_y,z) = F^+(k_x,k_y)e^{-\hat{u}z} + F^-(k_x,k_y)e^{\hat{u}z} \tag{2.5}$$

角标“+”和“-”分别表示向下衰减解和向上衰减解。

若垂直磁偶源(TE 极化模式)处在 $z=-h$ 时,根据格林函数可得到空气中的特解

$$F_p(k_x,k_y)e^{-\hat{u}_0|z+h|} \tag{2.6}$$

它在发射源的上方或下方都产生衰减。依据平面波解推导过程[93],若认为 F_p 为入射电磁场的振幅,可得参数

$$F_0^- = r_{TE}F_p e^{-\hat{u}_0 h} \tag{2.7}$$

r_{TE}为反射系数且

$$r_{TE} = \frac{\hat{u}_0 - \hat{u}_1}{\hat{u}_0 + \hat{u}_1} \tag{2.8}$$

因为瞬变电磁法的应用领域都属于低频段,则反射系数 r_{TE}约为

$$r_{TE} = \frac{\lambda - \hat{u}_1}{\lambda + \hat{u}_1} \tag{2.9}$$

其中 $\lambda=(k_x^2+k_y^2)^{1/2}$。

空间中的电磁场有一次场和二次场,所以由方程(2.5)和(2.7)可得

$$\tilde{F} = F_p e^{-\hat{u}_0 h}(e^{-\hat{u}_0 z} + r_{TE}e^{\hat{u}_0 z}) \tag{2.10}$$

通过反傅里叶变换可得到势函数

$$F = \frac{1}{4\pi^2}\int_{-\infty}^{\infty}\int_{-\infty}^{\infty} F_p e^{-\hat{u}_0 h}(e^{-\hat{u}_0 z} + r_{TE}e^{\hat{u}_0 z})e^{i(k_x x+k_y y)}dk_x dk_y \tag{2.11}$$

有源(J_m^s)的关于谢昆诺夫矢量势 F 的非齐次亥姆霍兹方程为

$$\nabla^2 F + k^2 F = -J_m^s \tag{2.12}$$

对位于地面以上 $z=-h$ 处磁矩为 mu_z 的垂直磁偶极,一次场满足以下方程:

$$\nabla^2 F + k^2 F = -i\omega\mu_0 m\delta(x)\delta(y)\delta(z+h) \tag{2.13}$$

因为沿 z 方向,垂直磁偶极子和大地之间有

$$\tilde{F} = \frac{i\omega\mu_0 m}{2\hat{u}_0}e^{-\hat{u}_0(h+z)} \tag{2.14}$$

垂直磁偶极的电场垂直分量为零,水平分量的电场是 TE 场,根据上式,F_p 可写成

$$F_p = \frac{i\omega\mu_0 m}{2\hat{u}_0} \tag{2.15}$$

将上式代入方程(2.11),得到垂直磁偶极子和大地之间的势函数表达式

$$F(x,y,z)=\frac{\mathrm{i}\omega\mu_0 m}{8\pi^2}\int_{-\infty}^{\infty}\int_{-\infty}^{\infty}\left[\mathrm{e}^{-\hat{u}_0(h+z)}+r_{\mathrm{TE}}\mathrm{e}^{\hat{u}_0(z-h)}\right]\frac{1}{\hat{u}_0}\mathrm{e}^{\mathrm{i}(k_x x+k_y y)}\mathrm{d}k_x\mathrm{d}k_y \tag{2.16}$$

根据$\hat{u}_n=(\lambda^2-k_n^2)^{1/2}$和$\hat{\rho}=(x^2-y^2)^{1/2}$，利用汉克尔变换[94]，上式可写成

$$F(\hat{\rho},z)=\frac{\mathrm{i}\omega\mu_0 m}{4\pi}\int_0^{\infty}\left[\mathrm{e}^{-\hat{u}_0(z+h)}+r_{\mathrm{TE}}\mathrm{e}^{\hat{u}_0(z-h)}\right]\frac{\lambda}{\hat{u}_0}J_0(\lambda a)\mathrm{d}\lambda \tag{2.17}$$

利用在TM下$H_z=0$，在TE模式下

$$H_z=\frac{1}{\mathrm{i}\mu\omega}\left(\frac{\partial^2}{\partial z^2}+k^2\right)F_z \tag{2.18}$$

$$\frac{\partial^2}{\partial z^2}+k_0^2=\hat{u}_0^2+k_0^2=\lambda^2 \tag{2.19}$$

代入方程(2.17)中的被积函数

$$\left(\frac{\partial^2}{\partial z^2}+k^2\right)\left[\mathrm{e}^{-\hat{u}_0(z+h)}+r_{\mathrm{TE}}\mathrm{e}^{\hat{u}_0(z-h)}\right]=\lambda^2\left[\mathrm{e}^{-\hat{u}_0(z+h)}+r_{\mathrm{TE}}\mathrm{e}^{\hat{u}_0(z-h)}\right] \tag{2.20}$$

可得到大地表面以上的电磁场垂直分量的一般表达式

$$H_z=\frac{m}{4\pi}\int_0^{\infty}\left[\mathrm{e}^{-\hat{u}_0(z+h)}+r_{\mathrm{TE}}\mathrm{e}^{\hat{u}_0(z-h)}\right]\frac{\lambda^3}{\hat{u}_0}J_0(\lambda a)\mathrm{d}\lambda \tag{2.21}$$

如果发射源(发射回线)和接收源(接收回线)在水平地面上，令$h=0$或$z=0$。

发射源和接收装置在均匀大地表面时，准静态近似($k_0\approx0$)条件下可得到场的解析表达式。令$k_0=0$，取$\hat{u}=\hat{u}_1$，$k=k_1$，则

$$r_{\mathrm{TE}}=\frac{\lambda-\hat{u}}{\lambda+\hat{u}} \tag{2.22}$$

根据方程(2.21)，令$z=0$，$h=0$，有

$$H_z=\frac{m}{2\pi}\int_0^{\infty}\frac{\lambda^3}{\lambda+\hat{u}}J_0(\lambda\hat{\rho})\mathrm{d}\lambda \tag{2.23}$$

利用

$$\int_0^{\infty}\mathrm{e}^{-\lambda z}J_0(\lambda\hat{\rho})\mathrm{d}\lambda=\frac{1}{r} \tag{2.24}$$

以及

$$\int_0^{\infty}\frac{\lambda}{u}\mathrm{e}^{-\hat{u}z}J_0(\lambda\hat{\rho})\mathrm{d}\lambda=\frac{\mathrm{e}^{-\mathrm{i}kr}}{r} \tag{2.25}$$

且$\lambda^2-\hat{u}^2=k^2$，$\hat{\rho}=(x^2+y^2)^{1/2}$，$r=(\hat{\rho}^2+z^2)^{1/2}$，最后可得到垂直磁场的频率表达式

$$H_z=-\frac{m}{2\pi k^2\hat{\rho}^5}\left[9-(9+9\mathrm{i}k\hat{\rho}-4k^2\hat{\rho}^2-\mathrm{i}k^3\hat{\rho}^3)\mathrm{e}^{-\mathrm{i}k\hat{\rho}}\right] \tag{2.26}$$

通过 $s = \mathrm{i}\omega$ 代换

$$\mathrm{i}k\hat{\rho} = \alpha s^{1/2}$$

$$k^2\hat{\rho}^2 = -\alpha^2 s$$

$$\mathrm{i}k^3\hat{\rho}^3 = -\alpha^3 s^{3/2}$$

式中 $\alpha = (\mu\sigma)^{1/2}\hat{\rho}$，根据方程(2.25)，垂直磁场的阶跃响应为

$$h_z = -\frac{m}{2\pi\mu_0\sigma\hat{\rho}^5}L^{-1}\left\{\frac{9}{s^2} - \left(\frac{9}{s^2} + \frac{9\alpha}{s^{3/2}} + \frac{4\alpha^2}{s} + \frac{\alpha^3}{s^{1/2}}\right)\mathrm{e}^{-\mathrm{i}s^{1/2}}\right\} \tag{2.27}$$

根据拉普拉斯逆变换公式[94-95]有

$$L^{-1}\left\{\frac{1}{s^2}\right\} = t \tag{2.28}$$

$$L^{-1}\left\{\frac{1}{s^{3/2}}\mathrm{e}^{-\alpha s^{1/2}}\right\} = 2\frac{t^{1/2}}{\pi^{1/2}}\mathrm{e}^{-\theta^2\hat{\rho}^2} - \alpha\,\mathrm{erfc}(\theta\hat{\rho}) \tag{2.29}$$

$$L^{-1}\left\{\frac{1}{s^2}\mathrm{e}^{-\alpha s^{1/2}}\right\} = t(1 + 2\theta^2\hat{\rho}^2)\mathrm{erfc}(\theta\hat{\rho}) - \frac{2t}{\pi^{1/2}}\theta\hat{\rho}\mathrm{e}^{-\theta^2\hat{\rho}^2} \tag{2.30}$$

经过一系列的代数变换，可得到当稳恒电流形成的一次场消失后的垂直方向的磁场衰减表达式

$$h_z = -\frac{m}{4\pi\hat{\rho}^3}\left[\left(\frac{9}{2\theta^2\hat{\rho}^2} - 1\right)\mathrm{erf}(\theta\hat{\rho}) - \frac{2}{\pi^{1/2}}\left(\frac{9}{\theta\hat{\rho}} + 4\theta\hat{\rho}\right)\mathrm{e}^{-\theta^2\hat{\rho}^2}\right] \tag{2.31}$$

和垂直方向的磁场随时间的变化率(磁场脉冲响应)

$$\frac{\partial h_z}{\partial t} = -\frac{m}{2\pi\mu_0\sigma\hat{\rho}^5}\left[9\mathrm{erf}(\theta\hat{\rho}) - \frac{2\theta\hat{\rho}}{\pi^{1/2}}(9 + 6\theta^2\hat{\rho}^2 + 4\theta^4\hat{\rho}^4)\mathrm{e}^{-\theta^2\hat{\rho}^2}\right] \tag{2.32}$$

式中

$$\theta = (\mu_0\sigma/4t)^{1/2} \tag{2.33}$$

在激励源消失的瞬间，发射回线正下方的介质中会立即感应出环形电流，以阻止磁场立即消失。地面上测量的随时间衰减的磁场就是由这种介质中感应的环形电流引起的，并随时间的延迟逐渐向外、向下扩散，如图 2.2 所示。这种垂直磁场可近似地看作扩散的“烟圈”(也就是逐渐扩散的电流环)，这一系列的环线电流随着时间的延迟向外和向下移动。移动若“烟圈”状，这个“烟圈”的移动速度为 $2/(\pi\sigma\mu_0 t)^{1/2}$，随着环形电流圈的移动，其半径为 $(4.37t/\sigma\mu_0)^{1/2}$[96]，如图 2.3 所示。回线中心点的垂直磁场随时间 $t^{-3/2}$ 衰减，垂直磁场对时间的微分随时间 $t^{-5/2}$ 衰减。

敷设在地面上的回线是应用广泛的电磁激发源之一，测量可在回线内也可在回线外进行，我们讨论圆形发射回线，且在发射回线内测量的情形。

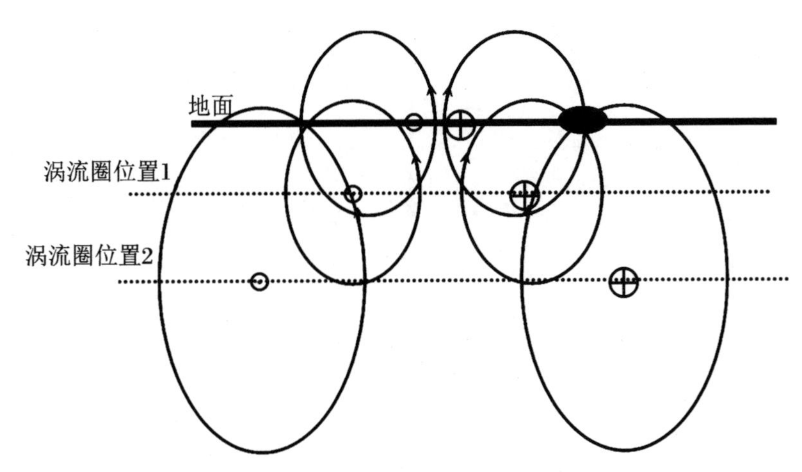

图 2.2　瞬变电磁发射回线下方的磁场形态(黑色实心圆圈为接收线圈)

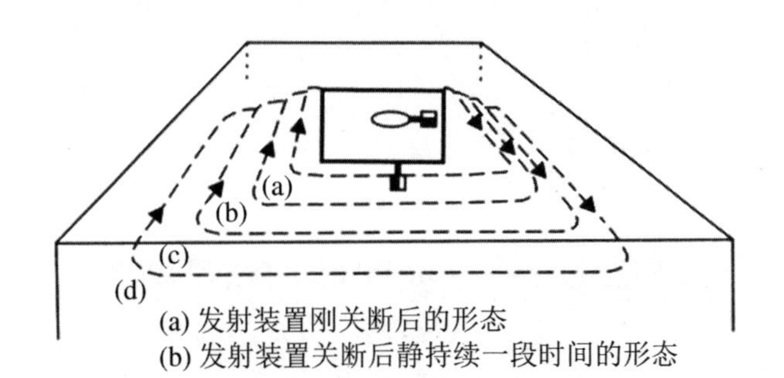

图 2.3　瞬变电磁发射回线下方的涡流形态

如图 2.4 所示圆形发射回线,沿回线进行积分计算。对方程(该方程也为前面的方程(2.17))

$$F(\hat{\rho},z) = \frac{\mathrm{i}\omega\mu_0 m}{4\pi}\int_0^\infty \left[\mathrm{e}^{-\hat{u}_0(z+h)} + r_{\mathrm{TE}}\mathrm{e}^{\hat{u}_0(z-h)}\right]\frac{\lambda}{\hat{u}_0}J_0(\lambda a)\mathrm{d}\lambda \tag{2.34}$$

做以下代换:

$$\mathrm{d}m = I\hat{\rho}'\mathrm{d}\varphi\mathrm{d}\hat{\rho}' \tag{2.35}$$

沿整个圆形回线面积积分可求得 TE 势,有

$$F(\hat{\rho},z) = \frac{\mathrm{i}\omega\mu_0 I}{4\pi}\int_0^\infty \lambda\hat{F}(\lambda,z)\int_0^a\int_0^{2\pi}J_0(\lambda R)\hat{\rho}'\mathrm{d}\varphi\mathrm{d}\hat{\rho}'\mathrm{d}\lambda \tag{2.36}$$

$$\hat{F}(\lambda,z) = \frac{1}{u_0}\left[\mathrm{e}^{-\hat{u}_0(z+h)} + r_{\mathrm{TE}}\mathrm{e}^{\hat{u}_0(z-h)}\right] \tag{2.37}$$

将下面的公式[97]

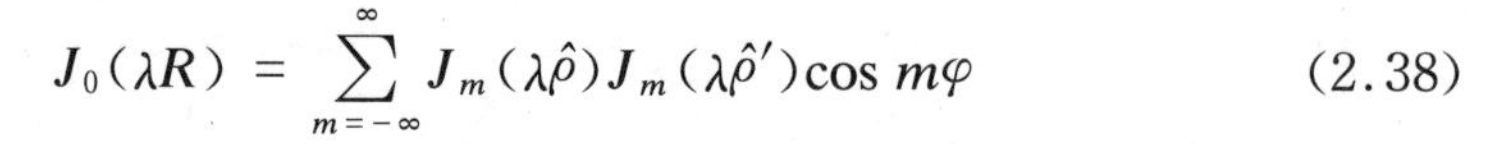

$$J_0(\lambda R) = \sum_{m=-\infty}^{\infty} J_m(\lambda\hat{\rho}) J_m(\lambda\hat{\rho}') \cos m\varphi \tag{2.38}$$

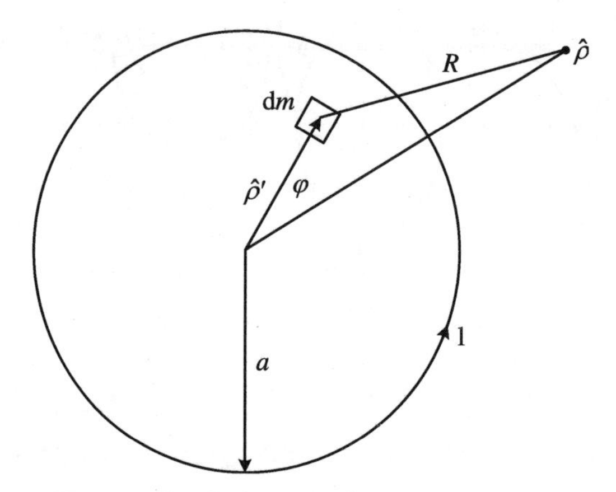

图 2.4　敷设在地面上的圆形发射回线平视图

代入方程(2.36),经过整理得

$$F(\hat{\rho}, z) = \frac{\mathrm{i}\omega\mu_0 I}{4\pi}\int_0^{\infty} \lambda \hat{F}(\lambda, z) \sum_{m=-\infty}^{\infty} J_m(\lambda\hat{\rho}) \int_0^{a}\int_0^{2\pi} J_m(\lambda\hat{\rho}')\hat{\rho}' \cos m\varphi \,\mathrm{d}\varphi \,\mathrm{d}\hat{\rho}' \,\mathrm{d}\lambda \tag{2.39}$$

因为方程(2.39)中的内层积分只有在 $m=0$ 时不会为零,再利用关系式[98]

$$\int x^n J_{n-1}(x)\mathrm{d}x = x^n J_n(x) \tag{2.40}$$

和小宗量关系

$$J_1(\lambda a) \approx \frac{\lambda a}{2} \tag{2.41}$$

再根据柱坐标求解垂直方向的磁场分量的推导方法,可以得到圆形回线的磁场表达式

$$H_z = \frac{Ia}{2}\int_0^{\infty} \left[\mathrm{e}^{-\hat{u}_0(z+h)} + r_{\mathrm{TE}}\mathrm{e}^{\hat{u}_0(z-h)}\right] \frac{\lambda^2}{\hat{u}_0} J_1(\lambda a) J_0(\lambda\hat{\rho}) \mathrm{d}\lambda \tag{2.42}$$

当激励源(发射线圈)和接收装置(接收线圈)置于均匀大地表面上,令 $z=0$, $h=0$,并将式(2.22)代入,得到

$$H_z = Ia\int_0^{\infty} \frac{\lambda^2}{\lambda + a} J_1(\lambda a) J_0(\lambda\hat{\rho}) \mathrm{d}\lambda \tag{2.43}$$

可由发射回线内中心点垂直磁场的解析表达式推导出来。

在实际的电磁探测中存在横向各向异性的影响,为了减少这种影响,可只采集发射回线的中心点的垂直磁场。所以如果令式(2.42)中的 $\hat{\rho}=0$,可得

$$H_z = \frac{Ia}{2}\int_0^{\infty}\left[\mathrm{e}^{-\hat{u}_0(z+h)} + r_{\mathrm{TE}}\mathrm{e}^{\hat{u}_0(z-h)}\right]\frac{\lambda^2}{\hat{u}_0}J_1(\lambda a)\mathrm{d}\lambda \tag{2.44}$$

当发射装置和接收装置在均匀大地表面时，根据方程(2.43)，有

$$H_z = Ia\int_0^{\infty}\frac{\lambda^2}{\lambda + \hat{u}}J_1(\lambda a)\mathrm{d}\lambda \tag{2.45}$$

参照方程(2.23)推导式(2.26)的垂直磁场的方法，计算式(2.45)的积分，得

$$H_z = -\frac{I}{k^3 a^3}\left[3 - (3 + 3\mathrm{i}ka - k^2 a^2)\mathrm{e}^{-\mathrm{i}ka}\right] \tag{2.46}$$

当频率为零时所表现的就是直流回线中心点的场。

脉冲响应可通过对频域表达式进行傅里叶逆变换而获得。通过对方程(2.46)进行拉普拉斯逆变换，可得到中心回线装置下的瞬态响应表达式。参照式(2.26)的 H_z 推导式(2.31) h_z 的方法，可得到负阶跃响应对时间微分的表达式

$$\frac{\partial h_z}{\partial t} = -\frac{I}{\mu_0\sigma a^3}\left[3\mathrm{erf}(\theta a) - \frac{2}{\pi^{1/2}}\theta a(3 + 2\theta^2 a^2)\mathrm{e}^{-\theta^2 a^2}\right] \tag{2.47}$$

式中 $\theta = (\mu_0\sigma/4t)^{1/2}$。将方程(2.45)除以 s，利用推导方程(2.30)的变换方式进行拉普拉斯逆变换，得到中心回线装置的发射回线中心点的磁场阶跃响应。利用正负阶跃响应的关系，当发送电流关断后，发射回线中心点的磁场为

$$h_z = \frac{I}{2a}\left[\frac{3}{\pi^{1/2}\theta a}\theta a\mathrm{e}^{-\theta^2 a^2} + \left(1 - \frac{3}{2\theta^2 a^2}\right)\mathrm{erf}(\theta a)\right] \tag{2.48}$$

发射电流关断前，$I/2a$ 就是空间中磁场。空间的磁场乘式(2.48)中的方括号部分，就是发射电流在导电大地中产生的衰减电磁场。将式(2.48)时间微分就得到方程(2.47)。

2.3　视电阻率的计算方法

瞬变电磁法的视电阻率定义方法是通过数值逼近或反演迭代等数值算法求取均匀半空间情况下地表的发射线圈中心位置的瞬变响应的反函数来实现的。S. H. Ward 和 G. W. Hohmann[6]从环形发射线框的中心接收方式(中心回线装置)的解析式方程(2.47)和(2.48)出发计算视电阻率。B. R. Spies 和 A. R. Raiche[99]利用不同时段的展开系数对方程(2.47)和(2.48)进行了级数展开。A. R. Raiche [100]用迭代的方法，先设定电阻率理论值，再和观测值拟合比较，这样计算的视电阻率比较准确。N. B. Christensen[101]提出用牛顿二分法或牛顿迭

代法对二次场信号(垂直磁场 B_z)和各参数之间的非线性方程进行逐次迭代求解,计算出所期望的结果。白登海等[102]分析了二次垂直磁场和感应电压的核函数的特征,把求解全程视电阻率的过程分为早期、转折点和晚期三部分。首先计算早、晚期视电阻率,再通过转折点计算,共同构成视电阻率全程曲线。杨生[103]也是以迭代的方法计算了斜阶跃关断下的全区视电阻率。李建平等[104]把大发射线圈线性化分解成多个直线源作为水平电偶极源,然后再计算全区视电阻率。王华军[105]以均匀半空间为背景,研究了感应电压随观测时间的平移伸缩特性,提出用此平移伸缩特性直接计算全区视电阻率。在 0.08 ms$<t<$1 s 的范围内感应电动势随电阻率的增大而单调下降,陈清礼[106]给出了用二分搜索算法求取全区视电阻率。付志红、孙天财等提出将关断时间参与视电阻率的计算方式,计算出中心回线装置下斜阶跃关断下的全程视电阻率[107-108]。

中心回线装置下的瞬变电磁测深,其发射源是大地介质表面敷设水平回线所发射的阶跃脉冲电流,发射的电磁波辐射所探测的范围,并在阶跃脉冲电流关断后采集大地介质产生的二次感应磁场,通过反问题求解方法计算出大地介质的电阻率空间分布。瞬变电磁回线发射源的阶跃脉冲电流的函数为

$$i(t)=\begin{cases}I_0, & t<0\\ 0, & t\geqslant 0\end{cases}\tag{2.49}$$

方程(2.47)和(2.48)给出了瞬变电磁在均匀半空间发射回线中心点的磁场以及磁场对时间的微商关系表达式。重新整理方程(2.47)和(2.48),得到发射回线中心点的二次感应磁场 B_z 以及磁场对时间的微分$\partial B_z/\partial t$ 的表达式

$$\frac{\partial B_z}{\partial t}=\frac{I_0\rho}{a^3}\left[3\mathrm{erf}(u)-\frac{2}{\sqrt{\pi}}u(3+2u^2)\mathrm{e}^{-u^2}\right]\tag{2.50}$$

$$B_z=\frac{I_0\mu_0}{2a}\left[\left(1-\frac{3}{2u^2}\right)\mathrm{erf}(u)+\frac{3}{\sqrt{\pi}u}\mathrm{e}^{-u^2}\right]\tag{2.51}$$

$$u=\left(\frac{\mu_0 a^2}{4t\rho}\right)^{1/2}\tag{2.52}$$

$$\mathrm{erf}(u)=2\sqrt{\pi}\int_0^{u(t)}\mathrm{e}^{-t^2}\mathrm{d}t\tag{2.53}$$

式中 u 为瞬变场参数;t 为发射电流关断后的延迟时间;erf(u)称为误差函数也即概率积分;I_0 为发射电流;a 为发射线圈的半径;μ_0 为均匀半空间的真空磁导率(取 $\mu_0=4\pi\times10^{-7}$ H/m);ρ 为空间的电阻率。

由以上瞬变电磁响应和各装置参数之间的关系式,可将均匀半空间下二次感应磁场 B_z 的时间域响应、磁场对时间的微商$\partial B_z/\partial t$ 和瞬变场参数的非线性方程表达式重写成如下形式:

$$F'(u) = 3\mathrm{erf}(u) - \frac{2}{\sqrt{\pi}}u(3+2u^2)\mathrm{e}^{-u^2} - \frac{4tau^2}{\mu_0 I}\cdot\frac{\partial B_z}{\partial t} \tag{2.54}$$

$$3\mathrm{erf}(u) - \frac{2}{\sqrt{\pi}}u(3+2u^2)\mathrm{e}^{-u^2} - \frac{4tau^2}{\mu_0 I}\cdot\frac{\partial B_z}{\partial t} = 0 \tag{2.55}$$

$$F(u) = \left(1-\frac{3}{2u^2}\right)\mathrm{erf}(u) + \frac{3}{\sqrt{\pi}u}\mathrm{e}^{-u^2} - \frac{2a}{I_0\mu_0}B_z = 0 \tag{2.56}$$

整理式(2.55)和式(2.56)得

$$3\mathrm{erf}(u) - \frac{2}{\sqrt{\pi}}u(3+2u^2)\mathrm{e}^{-u^2} = \frac{4tau^2}{\mu_0 I}\cdot\frac{\partial B_z}{\partial t} \tag{2.57}$$

$$\left(1-\frac{3}{2u^2}\right)\mathrm{erf}(u) + \frac{3}{\sqrt{\pi}u}\mathrm{e}^{-u^2} = \frac{2a}{I_0\mu_0}B_z \tag{2.58}$$

令

$$\frac{4ta}{\mu_0 I}\cdot\frac{\partial B_z}{\partial t} = Y'(u) \tag{2.59}$$

$$\frac{2a}{I_0\mu_0}B_z(t) = Y(u) \tag{2.60}$$

我们称 $Y'(u)$为二次感应磁场对时间的微商$\partial B_z/\partial t$ 的核函数，$Y(u)$为二次感应磁场 B_z 的核函数，式(2.57)、式(2.58)变为核函数关于瞬变场参数的非线性方程，即

$$Y'(u) = \frac{1}{u^2}\left[3\mathrm{erf}(u) - \frac{2}{\sqrt{\pi}}u(3+2u^2)\mathrm{e}^{-u^2}\right] \tag{2.61}$$

$$Y(u) = \left(1-\frac{3}{2u^2}\right)\mathrm{erf}(u) + \frac{3}{\sqrt{\pi}u}\mathrm{e}^{-u^2} \tag{2.62}$$

求解式(2.61)、式(2.62)非线性方程的根 u，则全区视电阻率

$$\rho = \frac{\mu_0 a^2}{4tu^2} \tag{2.63}$$

迭代计算是求解非线性方程常用的方法。迭代计算都需要先给定初始值，依据一定的变化规律对初始值进行逼近化处理。所以初值的选择很重要，决定了计算的时间和精度。

如果用迭代计算的方法计算瞬变电磁的视电阻率也是需要先给定初始瞬变场参数 u 值，按一定的变化量更新瞬变场参数 u 值：

$$u_i = u_{i-1} + \Delta u_i \tag{2.64}$$

其中 u_i 和 u_{i-1}分别为第 i 次和第 $i-1$ 迭代时的 u 值；Δu_i 为指定的变化量，$\Delta u_i = u_i - u_{i-1}$。$\Delta u_i$ 的大小也很关键，关系着最终结果的精度。根据式(2.63)视电阻率值可由两相邻的瞬变场参量 u_{i-1}和 u_i 确定：

$$\rho_{i-1} = \frac{a^2\mu}{4t} \cdot \frac{1}{u_{i-1}^2}, \rho_i = \frac{a^2\mu}{4t} \cdot \frac{1}{u_i^2} \tag{2.65}$$

$$\left|\frac{\rho_i - \rho_{i-1}}{\rho_i}\right| = \left|\frac{1}{u_i^2} - \frac{1}{u_{i-1}^2}\right| u_i^2 \approx \frac{2\Delta u_i}{u_i} \tag{2.66}$$

上式表示瞬变场参量 u 的对视电阻率 ρ 的灵敏度,当 $\Delta u_i < 0.005u_i$ 时,可得出视电阻率 ρ 的相对偏差不大于 1%。所以,在实际求解电阻率的计算中:

$$\Delta u_i = 0.005u_i \tag{2.67}$$

可以满足当采样数据为垂直磁场或感应电压时视电阻率的求解要求,且相对误差不大于 0.5%[102]。

瞬变电磁法的视电阻率求解是首先求出瞬变场参数这个关键变量,再从瞬变场参量计算出地电参数:电阻率或电导率,求解电阻率的过程实际就是求解瞬变电磁响应的非线性方程[31]。如上述对视电阻率求解的讨论,常规的数值计算方法比如迭代法,需要设置初值并进行迭代,其计算过程复杂且耗时。

我们引入神经网络算法,利用神经网络算法,映射出和实测数据相关的核函数变量所对应的瞬变场参数值,拟合二次涡流曲线[109],避开具体的复杂电磁场计算或数值反问题计算,达到快速求解反问题的目的,为快速成像提供必要条件。

2.4 “烟圈”理论为基础的最简化反演

M. N. Nabighian[96]认为在地表采集的瞬变电磁响应是由地下各个地层所产生的涡流一起传播到地表形成的。各个地层中的涡流可以看作是发射装置向下传播的电流环,如发射回线向地下吹出的“烟圈”,形状与发射回线相同。随着时间的延迟,电流环向下、向外延深、扩大,如图 2.3 所示。建立在烟圈理论上的最简化反演无需初始模型的解释法,将视电阻率与深度联系起来,从而给出异常体的立体图形。若需要进一步的反演,基于“烟圈”效应的最简化的反演结果可以作为理想的初始模型。

中心回线装置下瞬变电磁的电流环在某个时刻穿透地层的深度和运动速度为

$$D = \frac{a}{2\upsilon^{1/2}}\{C_1(\upsilon) + [C_1^2(\upsilon) + 2]^{1/2}\} \tag{2.68}$$

$$v = \frac{\mathrm{d}D}{\mathrm{d}t} = \frac{\sqrt{\upsilon}}{\sigma\mu_0 a}\left\{C_1(\upsilon) + [C_1^2(\upsilon) + 2]^{1/2} + \left[1 + \frac{C_1^2(\upsilon)}{(C_1^2(\upsilon) + 2)^{1/2}}\right]\upsilon C_2(\upsilon)\right\} \tag{2.69}$$

$$\upsilon = \frac{\sigma\mu_0 a^2}{4t} \tag{2.70}$$

$$C_1(\upsilon) = \frac{3}{4}\sqrt{\pi}\left[1 - \frac{\upsilon}{4} - \sum_{k=2}^{\infty}\frac{(2k-3)!!}{k!(k+1)!}\left(\frac{\upsilon}{2}\right)^k\right] \tag{2.71}$$

$$C_2(\upsilon) = \frac{3}{4}\sqrt{\pi}\sum_{k=0}^{\infty}\frac{(2k-1)!!}{k!(k+2)!}\left(\frac{\upsilon}{2}\right)^k \tag{2.72}$$

式中 D 为穿透深度；v 为扩散速度；a 为发射线圈的半径；σ 为空间的电导率。

对在某时刻 t_i 的均匀半空间地表上的瞬变电磁响应，可用该时刻的电流环（镜像源位置）的响应等效，通过改变镜像源的位置就可得到整个延时的瞬变电磁响应。时刻 t_i 的镜像源位置为

$$g(t_i) = \frac{1}{\beta}D(t_i) \tag{2.73}$$

式中 β 为经验系数，$\beta = 1.1$；$g(t_i)$和 $D(t_i)$分别为 t_i 时刻的镜像源位置和穿透深度。

一维层状大地情况下可先用视电阻率计算出 $g(t_i)$作为初值，实测瞬变电磁响应反演拟合镜像源响应，可得到镜像源的位置。再利用求得的 $g(t_i)$和 $D(t_i)$求取电流环的扩散速度 $v(t_i)$，利用求得的镜像源位置 $g(t_i)$来求得探测深度$h(t_i)$：

$$h(t_i) = \alpha \cdot D(t_i) = \alpha/[\beta \cdot g(t_i)] \tag{2.74}$$

式中 α 为经验系数，β 为 0.4～0.44。

M. N. Nabighian[96] 提出在导电半空间中的“烟圈”最大电场沿 25°锥形斜向下、向外扩散，等效电流环则沿 47°向下、向外扩散，如图 2.5 所示。

根据“烟圈”扩散理论做最简化反演解释，可以计算出视电阻率 ρ_m 所对应的视深度 H_m。烟圈的垂向深度 d_r 和半径 R_r 为

$$d_r = \frac{4}{\sqrt{\pi}}\sqrt{\frac{t\rho}{\mu_0}} \tag{2.75}$$

$$R_r = a + 2.091\sqrt{\frac{t\rho}{\mu_0}} \tag{2.76}$$

垂向的传播速度为

$$v = \frac{2}{\sqrt{\pi}}\sqrt{\frac{\rho}{\mu_0 t}} \tag{2.77}$$

其中 a 为发射线圈的半径；t 为采样时间；μ_0 为均匀半空间的真空磁导率（取 $\mu_0 = 4\pi \times 10^{-7}$ H/m）；ρ 为空间的电阻率。

烟圈在层间的扩散速度可写为

$$v = \frac{\Delta d}{\Delta t} = \frac{d_j - d_i}{t_j - t_i} = \frac{4}{\sqrt{\pi \mu_0}} \left(\frac{\sqrt{t_j \rho_j} - \sqrt{t_i \rho_i}}{t_j - t_i} \right) \tag{2.78}$$

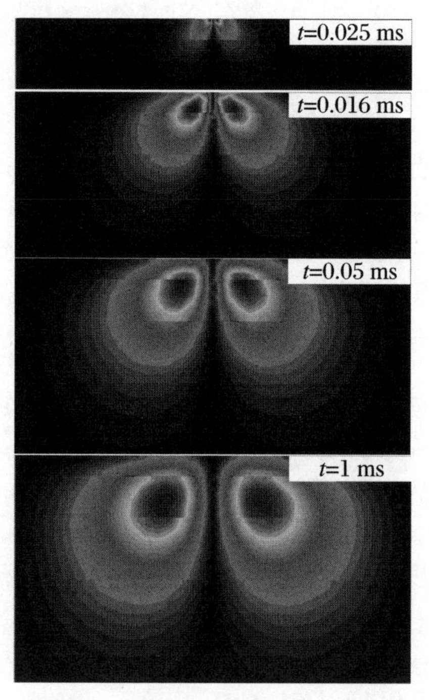

图 2.5　烟圈的移动和电磁场传播

层间电阻率可写为

$$\rho_r = 4 \left(\frac{\sqrt{t_j \rho_j} - \sqrt{t_i \rho_i}}{t_j - t_i} \right)^2 t_{ji} \tag{2.79}$$

层间电阻率 ρ_r 所对应的地层深度可写为

$$H_r = 0.441 \times \frac{d_{rj} - d_{ri}}{2} \tag{2.80}$$

式中 t_j 和 t_i 分别为两相邻延时道的采样时间；ρ_j 和 ρ_i 分别为两相邻延时道的采样时间所对应的计算出的视电阻率；t_{ji} 为两相邻采样时间的算术平均值；0.441 为经验系数。

本章小结

本章从含磁性源的非齐次亥姆霍兹方程出发,推导了垂直测偶极子的层状大地的垂直磁场一般表达式;在准静态近似($k_0 \approx 0$)条件下推导了均匀大地的频域表达式、水平圆形回线源的磁场以及回线中心点的垂直磁场,通过拉普拉斯逆变换得到发射回线中心点的垂直磁场的瞬态响应,也就是理想场源激励下均匀导电半空间瞬变响应。讨论了早、晚期瞬变电磁信号特征及全程视电阻率计算方法以及以“烟圈”理论为基础的最简化反演,形成基于阶跃场源激励下的TEM全程视电阻率数值计算方法及成像技术。

根据以上理论,得到视电阻率和电磁响应之间的关系,作为神经网络输入、输出映射关系的基础;把这种映射关系引入神经网络,拟合出视电阻率关于$\partial B_z/\partial t$或B_z的反函数。

第 3 章　瞬变电磁法的神经网络快速成像

3.1 引　　言

在地球物理探测中神经网络技术的应用越来越受欢迎，神经网络是一种通用逼近器，可以逼近任意连续函数的任意精度[7]。用改进后的神经网络建模，并构建优化方法来处理地球物理的观测数据；遗传算法和反向传播(back oropagation，BP)的混合算法已经用于预测地球物理测井的井储层渗透率，也成功对陆地卫星制图仪(thematic mapper，TM)的遥感图像进行分类[16-17]。

瞬变电磁快速成像的关键是快速计算出感应电压或垂直磁场所对应的视电阻率。视电阻率是通过解感应电压或垂直磁场和电阻率相关的非线性方程[31]得到的。很多方法可以求解出视电阻率，如 2.3 节中所讨论的内容。但在实际情况下，往往会有海量的观测数据，使用这些方法就不能完成快速成像的任务。

我们分析了瞬变电磁响应公式中响应(归一化感应电压)和自变量(采样时间和电阻率)的关系特点，提出了建立以不同时间点上的感应电压和采样时间为输入、视电阻率值为输出的自变量输入模式神经网络快速视电阻率成像算法；通过构造响应公式的核函数和瞬变场参数之间的非线性方程，提出了非线性方程模式的神经网络求解视电阻率，利用神经网络映射出实测数据所对应的瞬变场参数值并快速成像；针对 BP 神经网络容易陷入局部最小的情况，提出了基于遗传算法优化的 BP 神经网络(GABP)的视电阻率成像；采用模因精英 Pareto 非支配排序差分进化算法(MEPDEN)设计 TEM 视电阻率成像的神经网络结构，满足调用 ANN 结构快速成像时的简单性和高精度的要求。

3.2　神经网络的权值更新和优化

3.2.1　神经网络的权值更新

人工神经网络是由简单的处理单元组成的大规模的并行分布的处理器，能储存实验知识并学习实验知识。M. Athanasios 和 A. Miltiadis 讨论了用 BP 神经网络求解含有多项式方程组的非线性代数系统，论证了 BP 神经网络具有非线性系统的特性，并用 2×2 和 3×3 的非线性代数系统作为实例，通过对比神经网络得到的实验结果和该非线性系统的根的理论值，验证了所讨论方法的准确性[20]。

如图 3.1 所示，每个处理单元输出一个连接，也可以分支成许多并行连接，这些并行连接的输出都是相同的信号，信号的大小没有变化[32]。

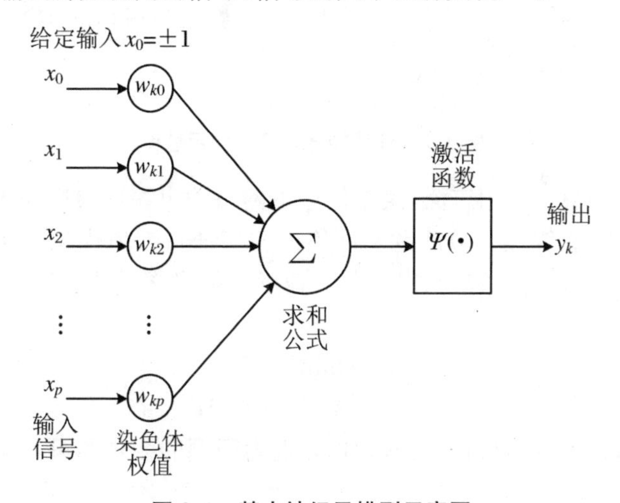

图 3.1　基本神经元模型示意图

人工神经元模拟的是生物神经元的一阶特性：通过网络学习过程获取实验知识；通过采用加权算法处理后的神经元进行知识的存储。

BP 神经网络是前馈型神经网络，包含隐含层（至少一层）、输入层和输出层。层间的神经元通过权值互连，但层内的神经元不相连。隐含层中的神经元的输入是前一层神经元的加权输出，再通过激活函数（一般是 Sigmoid 函数）产生该神经元的输出。

反向传播神经网络的基本操作是训练(学习)和预测。训练是按照一定的规则调整权值,建立监督学习模型,从而得到相应的结果;用建立好的监督学习模型预测未知输入所对应的输出。该模型必须达到很好的泛化性能才能使预测变得可靠。先进行正向传播的学习过程,输入量从输入层的各神经元传播到各隐含层神经元,并逐层传播,直到传播至输出层的各神经元并输出信号,后一神经元的输入是前一层所有神经元的加权输出(图 3.2)。然后根据输出神经元的实际输出和期望输出之间的差异判断是否进行反向传播,通过调整各神经元之间的权值和阈值使实际输出与期望输出误差最小。

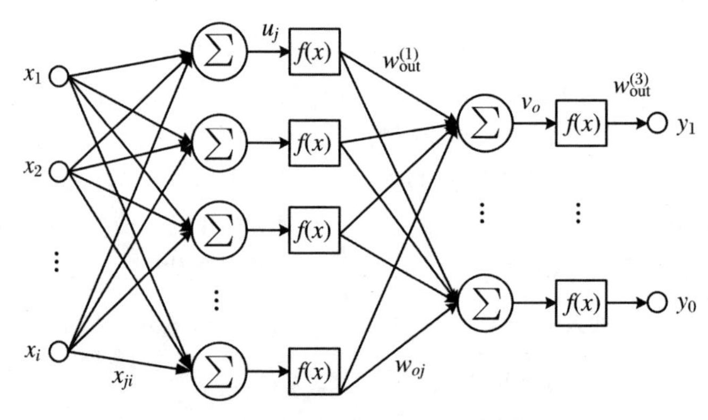

图 3.2　前馈神经网络结构示意图

反向传播[110]算法应用广泛,误差信号由网络输出端逐层逆向传播,可解决样本的输入-输出的非线性可分问题。网络的权值通过权值优化算法(如梯度下降法、牛顿迭代法等)迭代求解,来提高收敛速度。网络学习的过程可用极小问题来表示:

$$f^M = \begin{cases} \min f(w) \\ \text{s.t} \quad w \in \boldsymbol{W} \end{cases} \tag{3.1}$$

其中 $f(w)$为权向量的目标函数,w,W 分别为问题的变量和可行集(整个实数空间),s.t 为约集 M。

神经网络中任意神经元 p 的能量函数为

$$E_p = f(\boldsymbol{X} \cdot \boldsymbol{W}) \tag{3.2}$$

式中 X 为该神经元的输入,W 为权值。神经元的均方根误差为

$$E = \frac{1}{2}\sum_{o}(d_o - o_o)^2 \tag{3.3}$$

其中 d_o 为期望输出,o_o 为实际输出,i 为样本数。

对一个三层神经元网络来说,输出层神经元 o 的均方根误差为

$$E = \frac{1}{2}\sum_{o}\left[d_o - f\left(\sum_{j} w_{jo} f\left(\sum_{i} w_{ij} o_i\right)\right)\right]^2 \tag{3.4}$$

其中 i 为输入神经元，j 为隐含层神经元，w_{mn} 是任意相连的两神经元 m 和 n 之间的权重，且输出神经元的输出 o_o 是 net_{jo} 的激活函数：

$$o_o = f\left(\sum_{o} w_{jo} o_o\right) = \frac{1}{1 + \mathrm{e}^{-\mathrm{net}_{jo}}} \tag{3.5}$$

我们设定神经网络任意相连的两个神经元 m 和 n 之间的权值更新是能量函数的负梯度：

$$\Delta w_{mn} = -\eta \frac{\partial E}{\partial w_{mn}} \tag{3.6}$$

$$w_{mn}^{\mathrm{new}} = w_{mn}^{\mathrm{old}} + \Delta w_{mn} \tag{3.7}$$

其中 η 是学习率，能量函数的梯度 $\partial E/\partial w_{mn}$ 是对所有权值的偏微分的向量。可用数值优化算法计算 $\partial E_{\mathrm{Total}}/\partial w_{mn}$ 的最优值，如共轭梯度拟牛顿法或列文伯格-马夸特(L-M)法。用梯度下降法修正权值，为了减少权值变化量的振荡，可引入动量 α，作为权值改变量的系数。具体通过如下迭代表达式来实现[7]：

$$w_{mn}(t+1) = w_{mn}(t) + \eta\delta_n(t)o_m(t) + \alpha\Delta w_{mn}(t-1) \tag{3.8}$$

其中 $\eta\in(0,1)$，α 为动量项，$\alpha\in[0,1)$。学习率 η 会严重影响学习算法的收敛性，如果选择不当会导致收敛速度过慢或者发生振荡而无法收敛。根据学习率 η 的取值定理[7]，当学习率

$$0 < \eta < 2/\max_{w_{mn}}\left(\left\|\frac{\partial E_{\mathrm{Total}}}{\partial w_{mn}}\right\|^2\right) \tag{3.9}$$

时，该神经网络的下降算法是收敛的，其中 $\|\cdot\|^2$ 为 Euclid 范数的平方。图 3.3 为梯度下降法权值调整示意图，m 处为误差极小值点。其左侧权值为 $\partial E/\partial w_{ij}>0$，则调整仅值使 $\Delta w_{ij}<0$；右侧为 $\partial E/\partial w_{ij}<0$，调整权值使 $\Delta w_{ij}>0$。

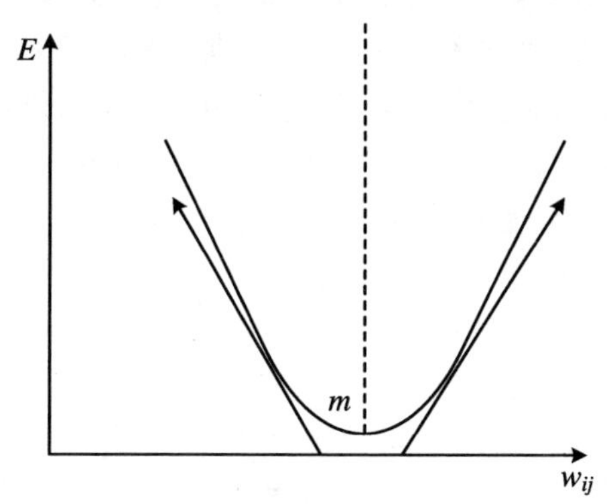

图 3.3　梯度下降法中权值的调整

训练好的网络能产生平滑的非线性映射输出和与训练样本相似但不同的新样本作为输入,可从训练样本中查找该输入应该对应的输出。所以,设计的网络是否有很强的泛化能力,是看该网络是否能对大多数测试样本产生正确的输出。

3.2.2 基于遗传算法的神经网络权值优化

梯度下降法(gradient descent,GD)是一种常用的求解无约束最优化问题的方法,在最优化、统计学以及机器学习等领域有着广泛的应用。BP 神经网络的权值调整都是基于梯度下降法找到网络的能量函数的最小值以及最小化网络的实际观测值和预测值之间的均方误差[111-114]。但梯度下降算法在没优化的情况下,搜索的最小值有可能是局部最小而不是全局最小值;而且还存在着众所周知的不足,比如:

(1) 容易陷入局部极小;

(2) 在极小值附近收敛速度慢;

(3) 对初始条件敏感,且当初始权值不合适的情况下会花费大量的时间训练;

(4) 如果均方误差(MSE)函数是多峰的,不能确定是否达到全局最优。

遗传算法(genetic algorithm,GA)是模拟进化过程的计算模型,是一种搜索最优解的方法,已被成功用于多种学习任务和最优化问题中。根据设定的适应度函数的评价规则,具有最好适应度的种群被评价为最优种群。搜索解空间中不同的区域,不断进化新的种群,在不同区域寻找最优解。根据选取的目标函数,把神经网络权值的更新算法转变成遗传算法的优化问题,进化初始权值直到最优,然后将最优权值赋予所优化的网络。可在没有梯度信息的情况下有效地搜寻全局最优集,且没有适应度函数(MSE 函数)必须可微或连续的限制。

利用遗传算法调整 ANN 网络权值的训练过程包含四个主要阶段。

第一阶段是固定 ANN 的结构和学习规则。我们采用三层前馈人工神经网络,用反传学习规则来处理这种结构,单输入、单输出。而隐含层节点的数目可通过反复尝试法确定。如果隐含层的神经元个数过少,网络很难达到预想的精度,性能将不可靠;而隐含层神经元过多又会导致网络结构庞大复杂,还容易搜索至局部极值点,且会消耗过多训练网络的时间。通过比较不同隐含层节点的 ANN 结构下的收敛误差,确定最佳隐含层节点数目。

第二阶段是连接权值的实数表征。ANN 的连接权值的表征形式是实数,直接在解空间中实施编码操作,搜索空间(编码空间)即为解空间[115]。

第三阶段是由遗传算法模拟的进化过程和对每个个体适应度值的评价。通过实数表征的交叉算子和变异算子对种群进行重组。本节中,我们用神经网络的目标输出和实际输出之间的误差作为个体的目标度函数来设计适应度函数。这里，目标函数是最小化问题，遗传算法根据适应度值进化子代。误差越小，适应度值越小，反之亦然。我们把个体代入神经网络中并训练，训练误差被用来估量适应度值，这样可以评价每个个体的适应度值。

交叉算子以一个 p_c 的交叉概率被应用在两个随机的父代个体中。我们使用混合交叉（BLX-α，$\alpha=0.5$）[116]，如图3.4所示。假设两个父代个体 $\boldsymbol{x}_1=(x_1^1,x_2^1,\cdots,x_n^1)$ 和 $\boldsymbol{x}_2=(x_1^2,x_2^2,\cdots,x_n^2)$，且 $x_{\max}=\max(x_i^1,x_i^2)$，$x_{\min}=\min(x_i^1,x_i^2)$ 是两个父代个体 $\boldsymbol{x}_1$ 和 $\boldsymbol{x}_2$ 的每一个元素对 (x_i^1,x_i^2) 的最大值和最小值。产生的子代 $\boldsymbol{x}_1'=(x_1^1,\cdots,x_i^{1'},\cdots,x_n^1)$ 和 $\boldsymbol{x}_2'=(x_1^2,\cdots,x_i^{2'},\cdots,x_n^2)$ 中，$x_i^{1'}$ 和 $x_i^{2'}$ 是在区间 $[x_{\min}-0.5\boldsymbol{I},x_{\max}+0.5\boldsymbol{I}]$ 中根据均匀分布随机（非均匀）选择的数，其中 $\boldsymbol{I}=x_{\max}-x_{\min}$。

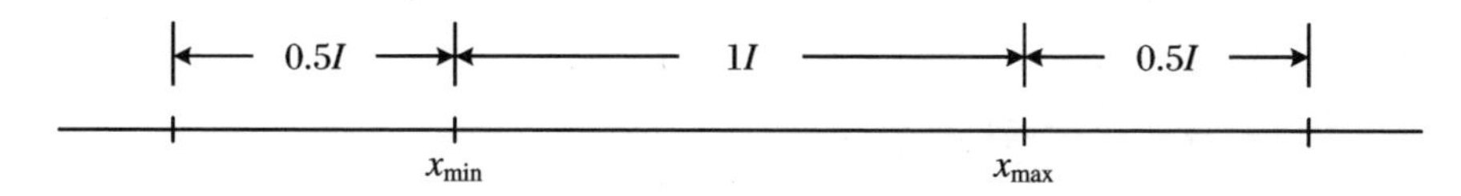

图3.4　混合交叉示意图

选中个体 $\boldsymbol{x}=(x_1,\cdots,x_k,\cdots,x_n)$，根据非均匀分布（非均匀的）随机选中一个元素 x_k，对该元素进行非均匀变异操作，产生一个变异个体 $\boldsymbol{x}'=(x_1,\cdots,x_k',\cdots,x_n)$，$k\in\{1,2,\cdots,n\}$[117]，并且

$$x_k'=\begin{cases}x_k+\Delta(t,b_i-x_k), & \text{random}=0\\ x_k+\Delta(t,x_k-a_i), & \text{random}=1\end{cases}\tag{3.10}$$

其中 random 是0或1的随机值，b_i 和 a_i 分别是元素 x_k 在区间 $[a_i,b_i]$ 中的上边界和下边界，区间 $[a_i,b_i]$ 是由连接权值的随机种群或预设种群确定。为了使函数 $\Delta(t,y)$ 能回归到 $[0,y]$ 的值域，并且该值随着进化代数 t 的增大而趋于零，我们采用如下形式表达函数 $\Delta(t,y)$，即

$$\Delta(t,y)=yr\left(1-\frac{t}{T}\right)^b\tag{3.11}$$

其中 r 是区间[0,1]中的随机数，T 是最大进化代数，b 是确定非均匀程度的参数。函数 $\Delta(t,y)$ 的特征是使变异算子在 t 很小时能够在空间中均匀搜索，当 t 比较大时，在小范围实行重点搜索。

第四阶段是用BP算法在近似最优解区域进行局部搜索。遗传算法把设置的初始权值进化到近似最优解区域后，用BP算法对这些近似最优的初始权值再进行局部微调优化，以找到最好的连接权值。

混合全局优化和局部优化是找到全局最优解的有效解决方案。遗传算法精细搜索局部最优的能力稍弱，而BP局部搜索能力强。我们用遗传算法在权值空间中定位一个好的区域作为初始权值的近似最优解集，再用 BP 局部搜索，从这些近似最优解集的初始权值中找到精细最优解集。

全局优化的主要步骤如下：

(1) 建初始化种群；

(2) 根据个体的适应度值评价种群个体；

(3) 重复：

① 计算个体的适应度值并评价种群个体；

② 选择；

③ 交叉和变异；

④ 计算个体的适应度值并评价种群个体；

⑤ 选择出新种群；

直到满足条件，终止。

(4) 用 BP 算法进行局部搜索。

3.2.3 基于 Pareto 多目标进化的神经网络优化

单隐含层前馈神经网络是使用 BP 或其他学习算法最小化目标输出和实际输出之间的误差，BP 和其他下降类学习算法的关键问题是选择正确的结构(隐含节点的数量)。利用模因精英 Pareto 非支配排序差分进化算法结合局部搜索算法(BP)设计神经网络隐含层的节点数[118]，同时优化了网络的精度和结构。

设置隐含层中的最大节点数和最大迭代次数。用人工神经网络初始化种群并评估种群中的个体，每次迭代都需计算实际输出和目标输出之间的训练均方误差的个体适应度。在每次迭代进行搜索处理之后，获得具有位于 Pareto 前沿的不同结构和连接权重的一组网络。非支配排序差分进化算法用于解决连接权重的实值问题和训练个体的 MSE，二进制 GA 是用二进制编码来优化隐含层中节点数的。

根据三层前馈神经网络的特点，为了使解空间的搜索更加精确和有效，采用实数编码的基因型表示权值个体。算法使用的个体包含矩阵 $\boldsymbol{\omega}$ 和向量 $\boldsymbol{\kappa}$。矩阵 $\boldsymbol{\omega}$ 的维数如下式所示：

$$(I+1)\times H+(H+1)\times O \tag{3.12}$$

这里 I 为输入层的神经元个数，H 为隐含层的神经元个数，O 为输出层的神经元个数。

向量 $\boldsymbol{\kappa}$ 的维度为 H，$\kappa_h\in\boldsymbol{\kappa}$ 是二进制表示的元素，它的值(0 或 1)用于指示节点 h 是否存在，作为开关打开或关闭隐含层节点 h。在 ANN 中隐含层的节点数的实际数目由下式表示：

$$\sum_{h=1}^{H} \kappa_h \tag{3.13}$$

式中 H 为隐含层节点数的最大值。

单隐层 ANN 的多目标学习问题可以表示为三个目标函数，用于评估该网络的性能。三个最小化目标函数的问题是：

（1）基于实际输出与目标输出之间的训练的均方误差（MSE）的逼近精度。

$$f_1 = \frac{1}{N}\sum_{j=1}^{N}(t_j - o_j) \tag{3.14}$$

其中 t_j 和 o_j 是网络模型的期望输出和实际输出，N 是样本数。

（2）基于单隐含层中节点的数量计算复杂度。

$$f_2 = \sum_{h=1}^{H} \kappa_h \tag{3.15}$$

（3）基于 ANN 网络连接权值的模型复杂度。

$$f_3 = \|\boldsymbol{\omega}\| \tag{3.16}$$

式中 $\boldsymbol{\omega}$ 为网络连接权值矩阵。

为了提升进化算法的全局搜索性能，在进化的过程中结合局部搜索算法是很好的选择。在解空间的小区域中搜索，BP 局部搜索能够找到局部最优。全局进化算法在解空间中进行全局搜索，将 ANN 定位在全局最优值附近，BP 局部搜索再快速有效地找到最佳方案，这就称为模因算法（memetic algorithms）。

所建立的模型必须达到很好的泛化性能才能让未知数据的预测能力变得可靠。设计的网络是否有好的泛化能力，是看网络是否能对大多数测试样本产生正确的输出。现实中采用最多的办法是通过测试误差来评价学习方法的泛化能力。如果在不考虑数据量不足的情况下出现模型的泛化能力差，那么其原因主要为对损失函数的优化没有达到全局最优要求。一般通过随机交叉验证来评估重复交叉验证的训练和测试过程，以便将所有子集用作测试数据集。训练集用于训练网络以获得 Pareto 最优解，而测试样本集用于评估 Pareto ANN 的泛化性能。

3.3　自变量输入模式的神经网络快速成像

根据瞬变电磁响应公式，本节分析了响应（归一化感应电压）和自变量（采样时间和电阻率）的关系特点，提出建立以不同时间点上的感应电压和采样时间为输入,视电阻率值为输出的神经网络来求解视电阻率。我们称其为自变量输入模式的神经网络,该网络的设计与实现如下所述。

3.3.1 神经网络的设计与实现

中心回线装置下,接收的瞬变电磁感应电压的表达式为如下形式:

$$\frac{v(t)}{I}=\frac{\mu S}{4at}\cdot\frac{1}{u^2}\left[3\mathrm{erf}(u)-2/\sqrt{\pi}\cdot u(3+2u^2)\mathrm{e}^{-u^2}\right] \tag{3.17}$$

$$u=a/2\sqrt{\mu_0/\rho t} \tag{3.18}$$

自变量输入模式的神经网络以感应电压 $v(t)$ 和瞬变电磁系统的装置参数(发射回线半径和有效接收面积)为输入、视电阻率值 ρ 为输出。样本数据来自方程(3.17)的理论计算,先给出一定范围的电阻率值,代入方程(3.17)计算得到电阻率所对应的归一化的感应电压 $v(t)$,这样形成了神经网络所需要的样本集。通过学习训练,掌握了感应电压 $v(t)$ 和电阻率 ρ 的对应关系之后,可避开求解非线性方程,直接映射出采样数据所对应的电阻率值。

根据方程(3.17)和(3.18)可构造以 $S,a,t,v(t)/I$ 的四维空间向量为输入、视电阻率 ρ 为输出的三层 BP 神经网络,如图 3.5(a)所示。因为实际现场记录的是感应电压数据和发射电流数据,感应电压对电流的归一化 $v(t)/I$ 为变量数据;而装置参数 S,a 是定值;因此构造的网络变为 $t,v(t)/I$ 为输入、ρ 为输出的三层 BP 神经网络。

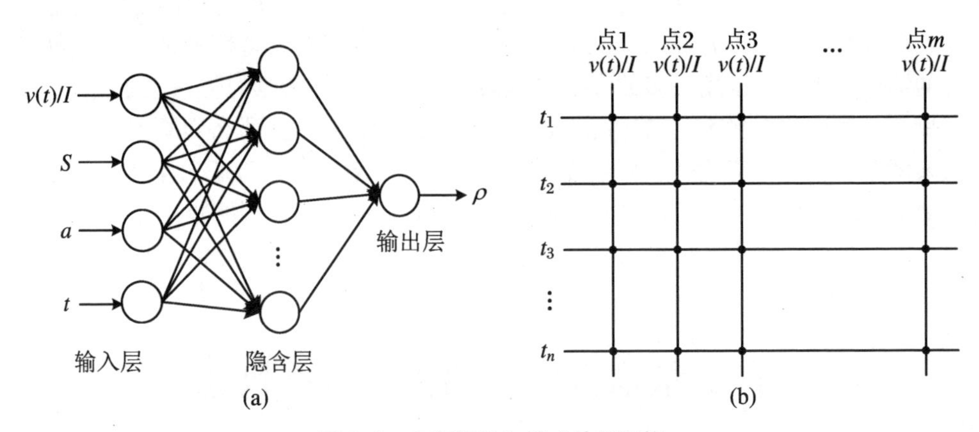

图 3.5 自变量输入模式神经网络

样本集来自正演计算的数据;根据接收机的接收时窗,t 的取值区间为[1 μs,15 ms](2.08 μs~13.116 ms),等间隔或按采样时窗取 50 个样本时间点;发射线圈

的半径 $a = 0.32$ m;有效接收线圈面积 $S = 205$ m^2;把所有的数据归一化到[0.1, 0.9]($k = 0.1 + 0.8 \times (t - t_{min})/(t_{max} - t_{min})$),对网络进行训练。

实际工作中,观测的数据为感应电压 $v(t)$ 和发射电流 I,则得到感应电压对电流的归一化数据 $v(t)/I$,如图 3.5(b)所示。每个测点(横坐标)上所有采样时刻(纵坐标)的归一化感应电压相对应的电阻率值(交叉处圆点),构成了探测区域全部的电阻率值。根据所设计的神经网络,包括接收装置在内,在每一个时间点上进行模拟,得到了以 $v(t)/I$ 和 t 为输入、ρ 为输出的最简单网络结构。

上述的网络输入是 $S, a, t, v(t)/I$ 四个变量,输出为 ρ 一个变量,网络结构会因为装置参数参加训练而影响测试误差。如果我们把装置参数的变量从输入中减去,只变成 $t, v(t)/I$ 两个输入变量,这样可以减少装置参数对测试误差的影响。输入变量的变化前后,测试结果有明显差别,如图 3.6 所示,可以看出 $t, v(t)/I$ 两个输入变量的测试误差和拟合度((a)、(b))明显好于四个输入变量的测试误差和拟合度((c)、(d))。

MATLAB 中的神经网络工具箱有各种梯度下降类的算法,如共轭梯度法、调整动量因子法、自适应学习因子法、弹性 BP 算法、拟牛顿法、一步正割法、列文伯格-马夸特算法,可以自由调用各个函数并根据问题修改各函数的参数,相关问题的程序编写简便快捷。

本节比较了六种梯度下降类的训练方法的视电阻率的输出误差如表 3.1 所示,一步正割法在各种步长的训练下误差基本保持稳定且很小,所以本节就以一步正割训练自变量输入模式的神经网络求解视电阻率。

表 3.1　训练(不同下降算法)的视电阻率输出误差

步长	下降算法					
	调整动量因子	一步正割	L-M	弹性 BP	自适应学习因子	拟牛顿
50	0.21625	0.009638	0.03348	0.05709	0.16903	0.01917
100	0.16708	0.007803	0.02128	0.05608	0.13757	0.00896
200	0.11331	0.006234	0.01711	0.05478	0.10867	0.00790
500	0.06471	0.002753	0.01000	0.05080	0.06700	0.00663
1000	0.04612	0.002324	0.00665	0.04529	0.05082	0.00271

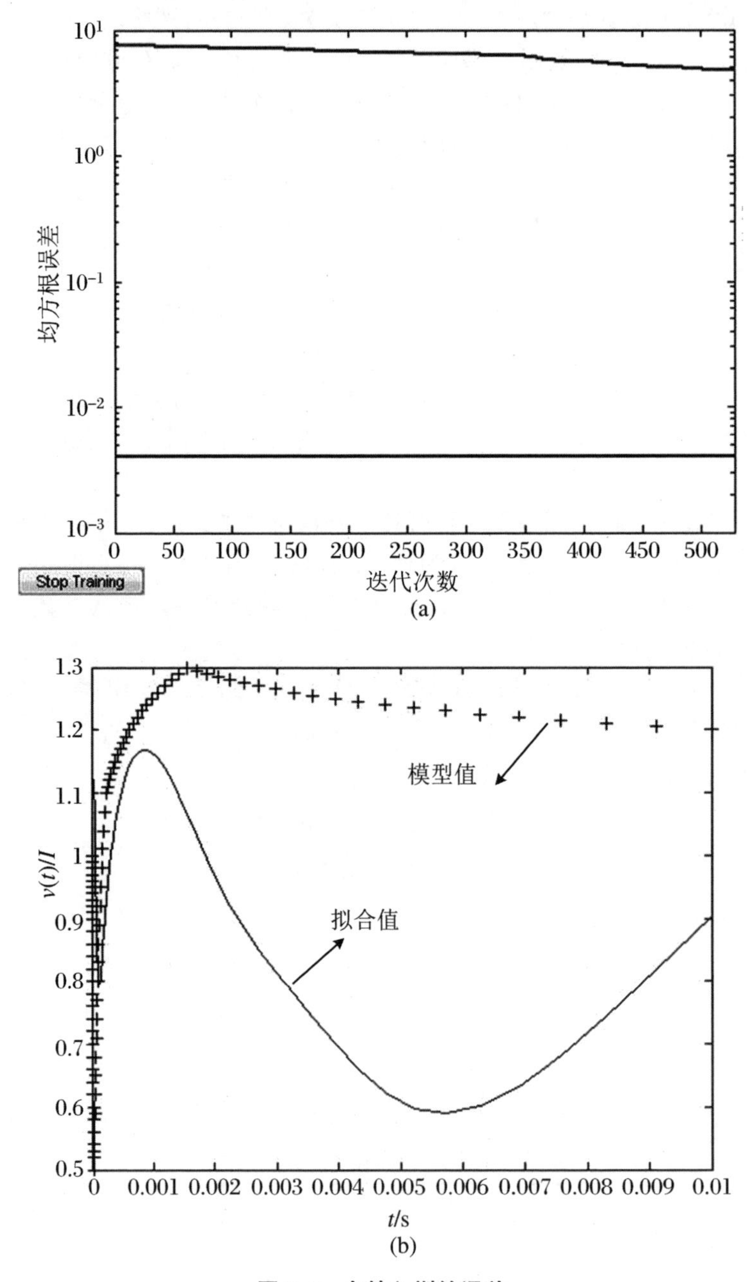

图 3.6　多输入训练误差

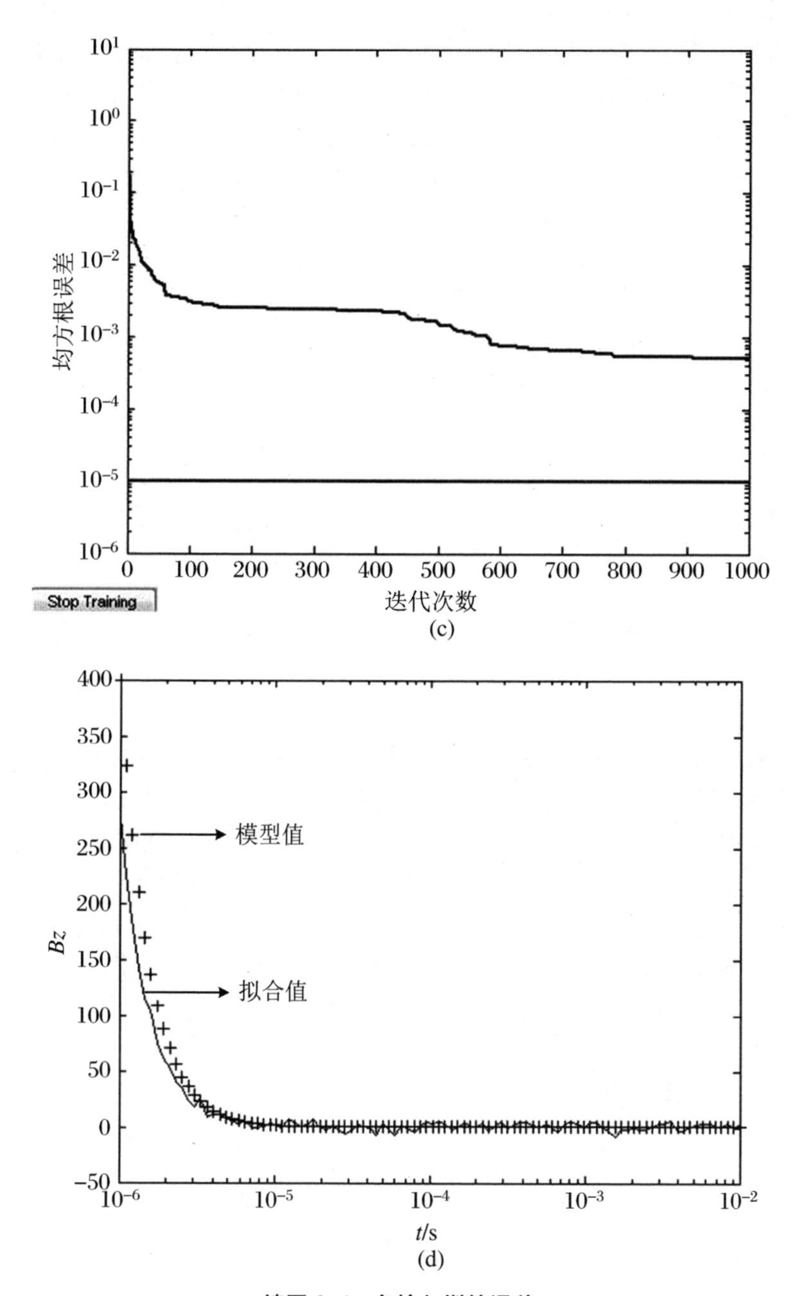

续图 3.6　多输入训练误差

在网络训练时，如果隐含层的神经元个数过少，则该网络就会很难达到预想的精度，性能不可靠；而隐含层神经元过多，则又会导致网络结构庞大复杂，还容易搜索至局部极值点，消耗过多训练网络的时间。如何确定神经网络隐含层节点数量，目前还没有明确的方法既能保证其性能和泛化能力，又能避免网络欠拟合或过拟合[18]。本节用尝试的方法，通过对比不同隐含层节点数带来的视电阻率的输出误差，判断隐含层节点数的选择，如表 3.2 所示。

表 3.2 训练(不同隐节点)的视电阻率输出误差

样本	隐含层节点数目					
	5	8	10	12	16	20
20	0.000270	0.005716	0.005308	0.004897	0.005322	0.006179
50	0.001096	0.019485	0.016516	0.004183	0.001219	0.001966
100	0.010241	0.014241	0.007976	0.002495	0.005396	0.009213

3.3.2 误差分析

从如表 3.2 中所示的不同样本数和隐含层节点数所训练的输出误差中可看出，12 个隐含层节点数的网络结构，随着样本数的增加，输出误差变小，且和其他几个隐含层节点数的横向比较中，12 个节点数的结构输出误差都在很小的范围。经过多次尝试最终选择 12 个隐含层神经元个数，本节提出采样时间和归一化感应电压为输入、视电阻率为输出的双输入单输出方式，采用单隐含层前馈神经网络，梯度下降的算法选择一步正割。图 3.7 是该神经网络的测试集的视电阻率输出结果以及误差曲线图。(a)图是实际输出和期望输出的对比曲线，图中可以看出，大部分误差在 0.06%以下，最小误差甚至趋近于零，说明泛化性能很好。

3.3.3 算例验证

该算例为学校防空洞测试，测试范围为重庆大学操场旗杆到图书馆之间的区域。测点经过的区域是水泥混凝土地面，下面是土壤和岩石，在测区附近地面可看到钢筋裸露，可知防空洞顶部含有钢筋混凝土。其余都是重庆范围内地质所特有的砂岩结构。在旗杆到图书馆之间的区域设计了测线位置，测线长度 70 m，35 个测点，防空洞的位置位于 7 号测点至 25 号测点之间，其测线呈略微弧形，防空洞形约如图 3.8 所示。

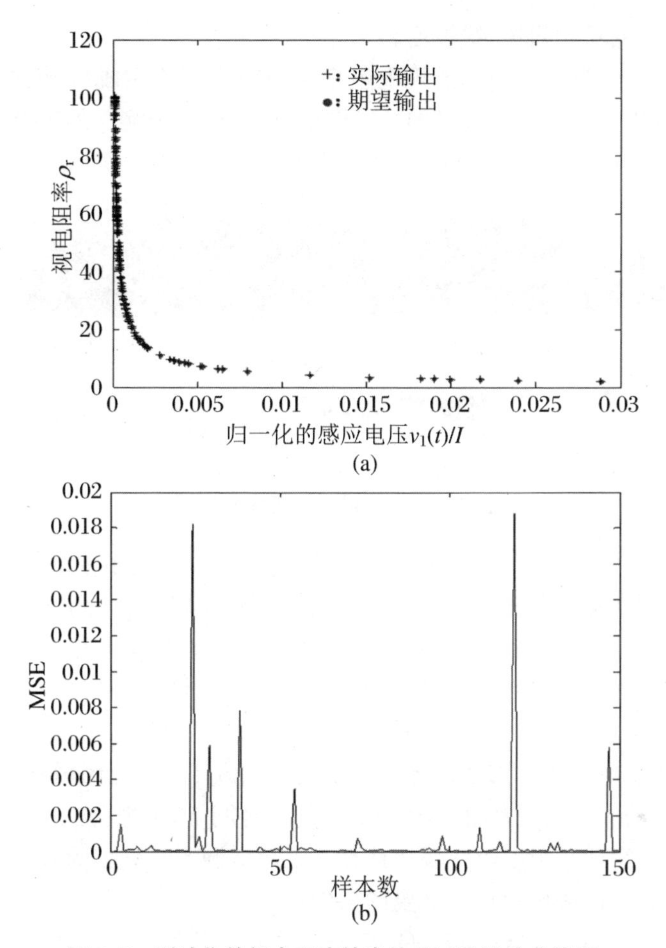

图 3.7　测试集的视电阻率输出结果以及误差曲线图

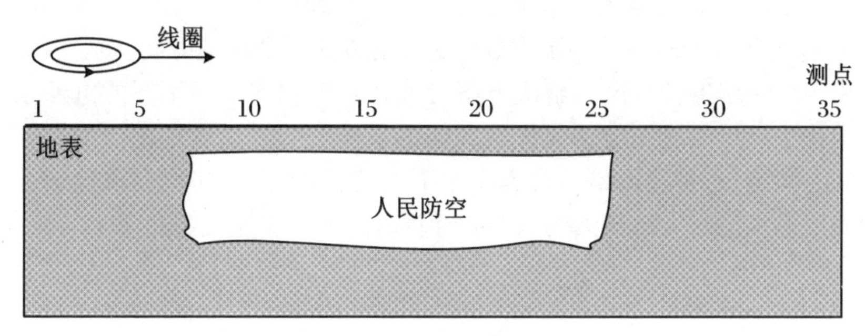

图 3.8　防空洞结构位置图

实验装置为重庆璀陆探测技术有限公司 TETEM-T1 大功率瞬变电磁发射机和电磁接收系统，具有高速高密度采样传输、高纵向分辨率和浅层分辨率的特点，且发射功率大、关断时间短、线性度高。

在设计的自变量输入模式的视电阻率神经网络训练完成后，把在防空洞上部采集的感应电压数据导入训练好的神经网络，计算出每个测点的视电阻率曲线，最终得到防空洞的视电阻率剖面图，如图 3.9 所示。

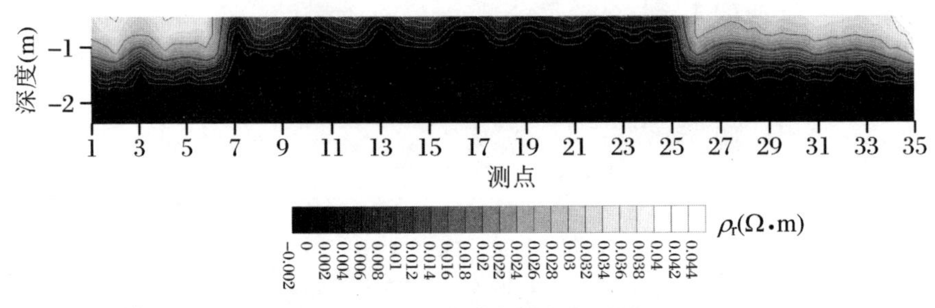

图 3.9　防空洞视电阻率剖面图

图 3.9 中可以看出，7 号测点至 25 号测点的区域，视电阻率剖面表征的是低阻带，根据防空洞结构位置图 3.8，可以判断防空洞的位置就是处于 7 号测点至 25 号测点之间。从这可以看出，该探测区域内电性结构不同的地质体有明显分界面，可方便看出不同结构的电性分布范围，图中表现的低阻区域（黑色）与图 3.8 中防空洞结构所处的位置非常吻合，完全实现了防空洞探测的目的。

本节从瞬变电磁中心回线的感应电压表达式入手，引入 BP 神经网络，建立以不同时间点上的 $v(t)/I$ 为输入，ρ 为输出的神经网络，来拟合二次涡流曲线，避开了反问题计算，实现了视电阻率快速计算。以防空洞实验数据为算例，验证了该方法的有效性，为快速成像提供了必要的条件。

本节介绍的实验有 35 个测点的感应电压数据，用基于 BP 算法的自变量输入模式的神经网络方法计算和成像所消耗的时间（Inter（R） Core（TM） i7-3770K CPU3.50 G 3.90 GHz）远远小于用数值迭代的方法所消耗的时间。从实例验证中可以看出本节提出的神经网络解决方案可以在短时间内识别不同的电性结构，而传统的迭代法计算的时间与迭代次数和数据采样点的数量成正比，采样数据点越大计算的时间越长；神经网络解决方案则不然，因为不需要迭代和重复训练，使用神经网络成像算法时大采样点的数据和计算时间不是正比关系。

3.3.4　讨论

自变量输入模式的神经网络求解视电阻率的方法适合于瞬变电磁系统的装置参数固定的情况。通过采集的感应电压数据和每个数据所对应的采样时间能确定每个感应电压数据对应的视电阻率。同样地，若瞬变电磁系统采集的数据为垂直磁场，也可以用同样的方法构造神经网络求解垂直磁场数据对应的视电阻率并成像。自变量输入模式的神经网络受装置参数的限制，若改变系统的装置参数则需要重新训练。

3.4　非线性方程模式的神经网络快速成像

自变量输入模式的神经网络计算视电阻率是在装置参数确定的情况下，利用某采样时刻下的感应电压数据和电阻率值之间的对应关系，把采样时刻和感应电压数据一起作为输入变量，视电阻率作为输出变量。但瞬变电磁的装置参数可能会发生变化，意味着装置参数变化后需要再重新训练网络，这无疑不具有普适性。下面我们介绍用非线性方程模式的神经网络求解视电阻率的方案，该方法更贴合2.3节全程视电阻率计算的模式，无需因为装置参数发生变化而再次训练，训练的网络具有普适性。

本节的研究是无需考虑装置参数的瞬变电磁视电阻率的快速成像。根据视电阻率的求解算式的特征构建神经网络的输入和输出，设计出适应本研究问题的网络结构和优化策略。

3.4.1　神经网络的设计与实现

均匀半空间条件下，瞬变电磁发射回线中心点的二次感应磁场的时间域响应表达式(2.51)以及磁场对时间的微商关系表达式(2.50)可重写为

$$\frac{2a}{I_0\mu_0}B_z = Y(u) = \left(1 - \frac{3}{2u^2}\right)\mathrm{erf}(u) + \frac{3}{\sqrt{\pi}u}\mathrm{e}^{-u^2} \tag{3.19}$$

$$\frac{2\sqrt{\pi}at}{\mu_0 I_0 S}\varepsilon_c = Y'(u) = \frac{1}{u^2}[3\mathrm{erf}(u) - u(3 + 2u^2)\exp(-u^2)] \tag{3.20}$$

为了方便介绍，2.3 节中介绍的瞬变场参数 u 的关系式(2.52)继续写在这里，

$$u = \left(\frac{\mu_0 a^2}{4t\rho}\right)^{1/2}$$

由式(3.20)计算的核函数 $Y'(u)$随瞬变场参数 u 的变化曲线如图 3.10 所示；根据式(3.19)计算的核函数 $Y(u)$随瞬变场参数 u 的变化曲线如图 3.11 所示。从图 3.10 和图 3.11 可以看出，二次感应磁场对时间的微商$\partial B_z/\partial t$ 的核函数

变化曲线是双值函数，瞬变场参数与核函数值非一一对应，存在给定一个$\partial B_z/\partial t$值对应两个u值解的问题。这样求解式(3.20)的反问题会比较复杂，存在多解情况。$\partial B_z/\partial t$的核函数随参数u的曲线转折点在$u=1.6$处，求解时需要对瞬变场参数进行分段处理。白登海根据$u<1.6$和$u>1.6$把求解全程视电阻率的过程分为早期、转折点和晚期三部分，计算早、晚期视电阻率，再通过转折点$u=1.6$处的视电阻率值构成全程视电阻率曲线[102]。中心回线装置的中心点的垂直磁场B_z的核函数$Y(u)$随瞬变场参数u的变化曲线一一对应的单值函数，用垂直磁场的核函数计算全程视电阻率不存在感应电压核函数计算的多解问题。针对$\partial B_z/\partial t$的核函数随参数u的曲线双值的问题，有另外一种解决办法，就是把磁场强度随时间变化的导数$\partial B_z/\partial t$转化为磁场B_z，然后再计算视电阻率ρ。

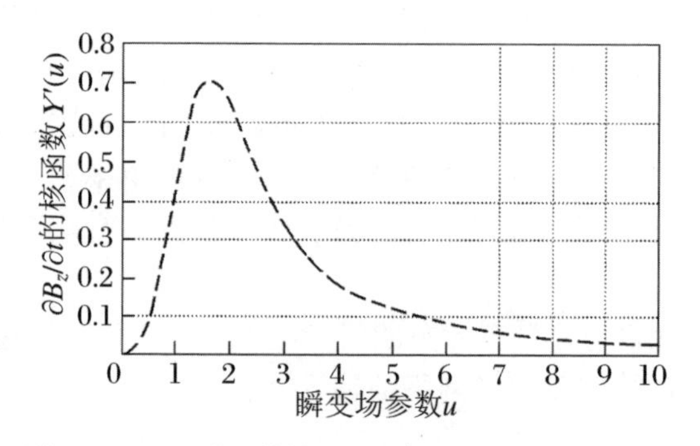

图 3.10　$\partial B_z/\partial t$ 的核函数 $Y'(u)$ 随参数 u 的曲线

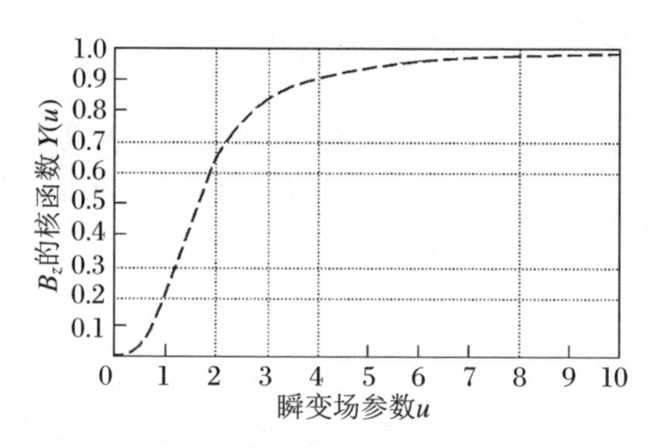

图 3.11　B_z 的核函数 $Y(u)$ 随参数 u 的曲线

根据方程(3.19)，我们可构造核函数$Y(u)$为输入、瞬变场参数u为输出、单输入单输出的三层BP神经网络，如图3.12所示。以方程(3.19)计算的核函数值和瞬变场参数值作为训练样本集，训练学习瞬变电磁核函数和瞬变场参数的非线性曲线，可替代数值计算的方法求出实测数据对应的瞬变场参数值u，再由式(2.52)求出瞬变场视电阻率值并成像，本节讨论的神经网络的视电阻率求解流程如图3.13所示。

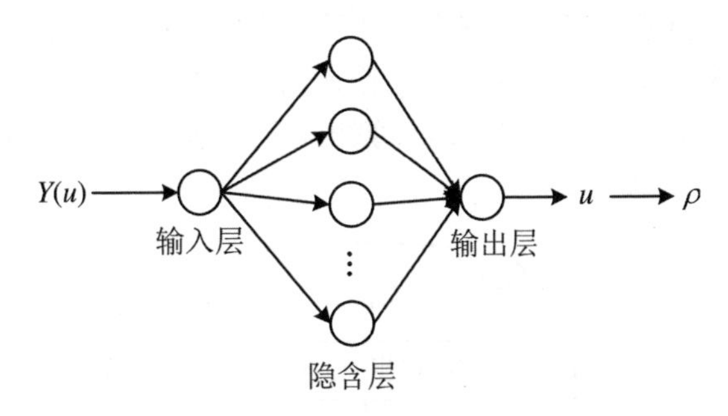

图3.12 非线性方程模式神经网络

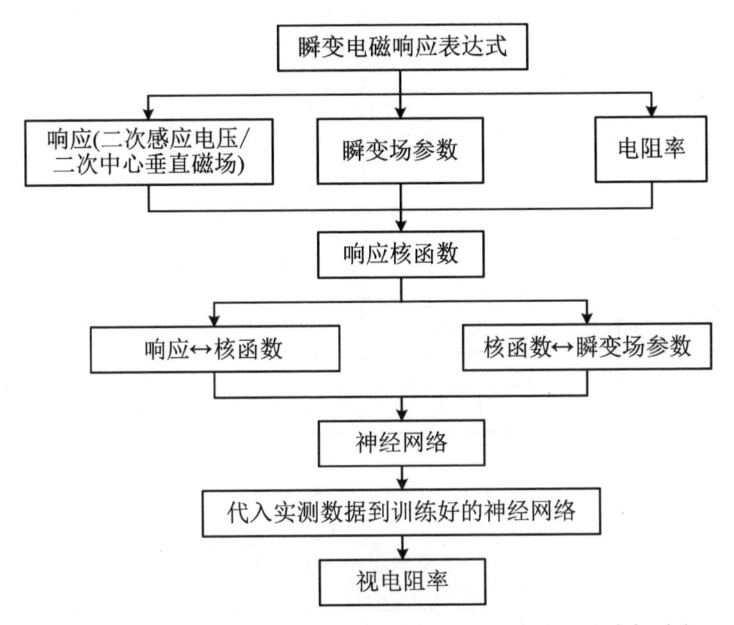

图3.13 基于快速成像的瞬变电磁神经网络的视电阻率求解流程

训练样本的选取：

训练样本集来自核函数 $Y(u)$ 和瞬变场参数 u 之间的关系式(方程(3.19))。先确定瞬变场参数 u 的取值范围，并等比或等差对其采样，再代入方程(3.19)得到核函数的值形成样本集。根据所探测目标物的电阻率范围、发射接收系统的装置参数(如发射线圈半径、接收系统的采样区间和采样间隔)以及探测区域的物理特性，计算得出瞬变场参数 u 的范围为$[10^{-3},200]$。把参数 u 等间隔采样并计算出每个 u 值所对应的 $Y(u)$ 值，共20000组数据集(样本集的大小根据情况而定)。

以理论计算的 $Y(u)$为输入、u 为输出设计三层前馈神经网络，随机生成网络结构的初始权值集。

以各神经元之间最优权值所构成的神经网络作为瞬变电磁视电阻率求解的工具。把与实测数据相关的 $Y(u)$值作为输入，直接映射出实测的 $Y(u)$值所对应的瞬变场参数 u 值，从而由式(2.52)计算出各个采样时间点上的视电阻率值，具体算法流程如图 3.14 所示。

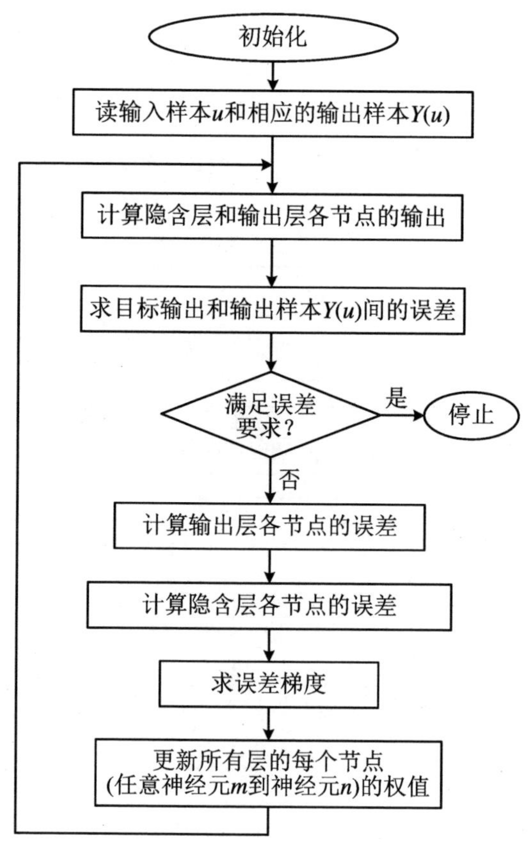

图 3.14　非线性方程模式的神经网络的视电阻率算法流程图

3.4.2　误差分析

本节所构造的神经网络为单输入单输出的训练方式，确定网络结构的方式和训练算法同 3.2.2 节。通过随机 5 倍交叉验证来评估网络的性能，将数据集随机分成 5 个大小相等的子集，一个子集用作测试数据集，另外 4 个子集用作训练数据集。重复这个训练和测试的过程，以保证测试集覆盖所有子集。通过 5 次验证的统计数据最终评估网络的性能。图 3.15 是该神经网络的测试集所输出的核函数 $Y(u)$和瞬变场参数 u 对应曲线以及误差曲线图。上图是测试集的输入输出拟合结果图，下图是实际输出和期望输出的误差对比曲线；从图中可以看出，大部分误差在 0.02%以下，说明泛化性能很好。

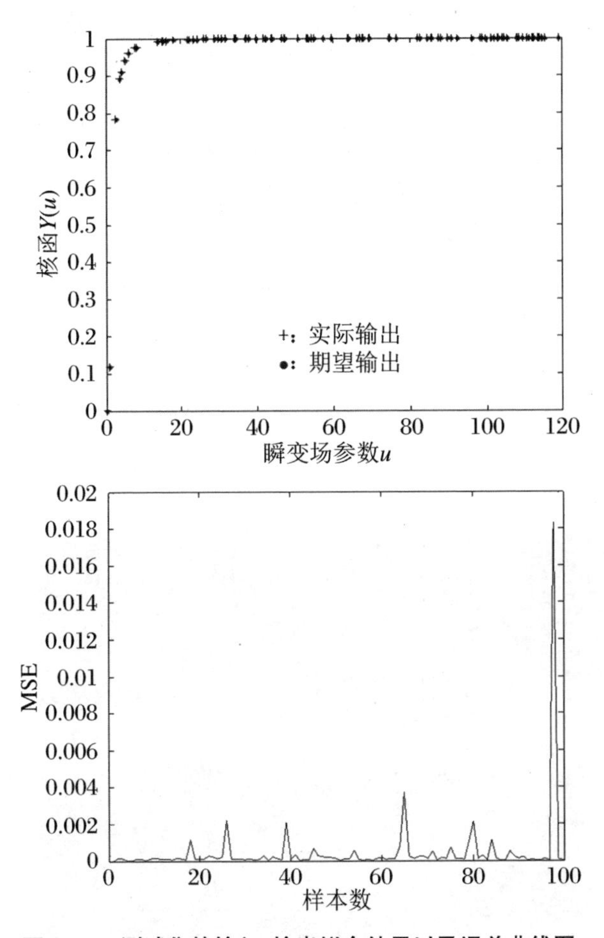

图 3.15　测试集的输入、输出拟合结果以及误差曲线图

3.4.3　算例验证

本节用于验证的算例是一个瞬变电磁正演仿真模型，在电阻率为 50 Ω·m 的空间中设置电阻率为 150 Ω·m 的高阻异常体，如图 3.16 所示。地下高阻异常体模型大小为 5 m×5 m×2 m,顶部埋深 4 m,激励源是幅值为 16 A 的斜阶跃电流;测线位于异常体的正上方,仿真模型得到的数据为发射回线中心点处的垂直磁场,把测点的垂直磁场数据代入训练好的神经网络,输出视电阻率值并生成视电阻率剖面图,如图 3.17 所示。从视电阻率剖面图 3.17 可以看出,图中显示的高阻异常体的分布范围、深度位置与模型图 3.16 中第 3 测点和 11 测点附近之间的区域高阻异常体的边界位置吻合。高阻异常体的深度也基本吻合模型埋深,视电阻率拟断面图高阻异常显示与模型匹配。

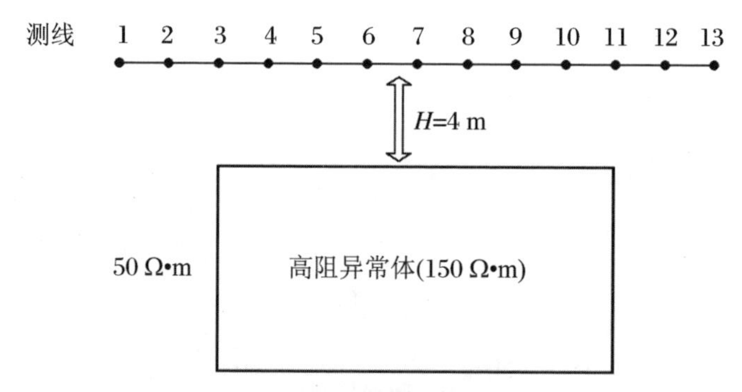

图 3.16 模型 1 结构及测线方向图

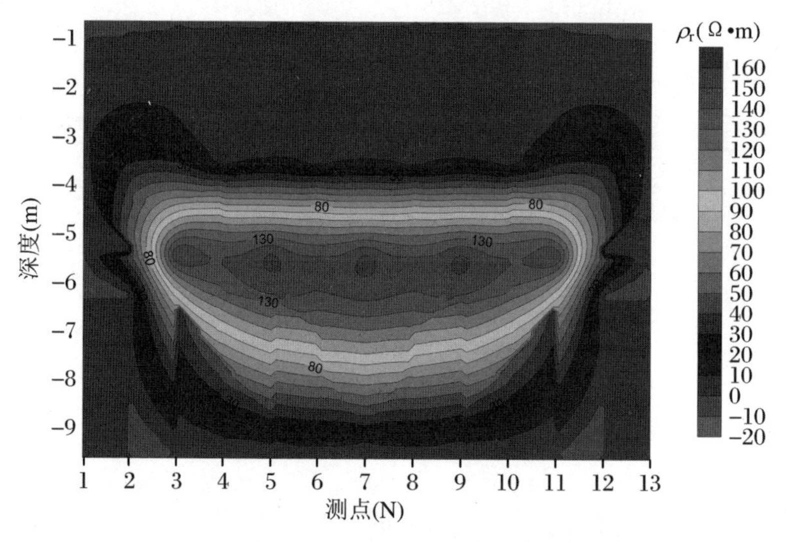

图 3.17 模型 1 BP 神经网络视电阻率拟断面图

本节利用 BP 神经网络拟合的思想,提出了用神经网络快速求解垂直磁场的核函数对应的视电阻率。该方法可以快速求出中心回线装置下 TEM 的全程视电阻率。通过上述例子也可以看出,BP神经网络在瞬变电磁视电阻率快速成像上的可行性,并且具有对异常体足够的分辨率。训练好的网络可作为瞬变电磁中心回线装置下求解视电阻率的一个快速的工具,避免了迭代耗时,为实时快速成像开辟一个方向。

3.4.4　讨论

本节所提出的非线性方程模式的神经网络可以对所有中心回线装置下的瞬变电磁采样数据进行视电阻率计算,快速得到采样时间点上的视电阻率值。训练的网络可以对中心回线装置的瞬变电磁数据进行处理,且简单快捷,大大节省了因数值求解耗费的迭代时间。

本节所提出的方法适用于所有瞬变电磁的中心回线装置所采集的垂直磁场数据,不受发射线圈大小的限制;若系统采集的响应数据为感应电压,可先把感应电压数据转换成垂直磁场数据再利用本节方法快速视电阻率成像;若直接利用感应电压数据进行快速成像,需考虑发射线圈的半径,后面章节会进行详细论述。

3.5　基于GABP的瞬变电磁视电阻率成像

上一节利用BP神经网络拟合的思想提出了用神经网络求解瞬变电磁视电阻率。训练好的网络可作为瞬变电磁中心回线装置下求解视电阻率的工具,避免迭代耗时。但BP神经网络在训练时存在一定的缺陷,这样网络仿真的结果对采样时间点对应的视电阻率会有较大误差。

本节我们用遗传算法来进化用于求解视电阻率的神经网络的连接权值。

3.5.1　神经网络的设计与优化

首先确定神经网络的结构,学习规则和训练样本。

理论上,单隐含层的前馈神经网络是任意非线性映射的通用逼近器。选择3层前馈神经网络,设计单输入、单输出的网络结构。采用3.3.1节中所介绍的尝试法,通过比较不同神经元个数的网络结构的收敛误差确定隐含层神经元的个数,如3.3.1节中表3.2所示。最终确定单输入单输出的3层前反馈神经网络,隐含层神经元个数为12个,学习规则为反向传播。

训练样本的选取：

由前面章节所介绍的瞬变电磁输入、输出之间的关系式计算产生网络的训练样本集。其中80%作为训练样本集，剩下20%作为验证集。通过随机5倍交叉验证来评估最佳验证集样本。

以理论计算的输入、输出设计的三层前馈神经网络，随机生成求解视电阻率的神经网络结构的初值权值集。利用遗传算法把网络的初始权值集进化到最优空间区域，再利用梯度下降算法在最优空间区域对其进行局部的最优搜索，最终进化出视电阻率求解的神经网络的最优权值结构。

遗传算子和参数设置如下：

种群规模为权值染色体长度的5倍；这里选择的种群规模为14×5个个体。

选择策略为锦标赛竞争。

采用混合交叉算子（$BLX-0.5$），交叉概率 $p_c=0.6$。

变异算子为非均匀变异，变异概率为 $p_m=0.005$，式（3.11）中代表非均匀程度的参数 $b=5$。

算法流程图如图3.18所示。

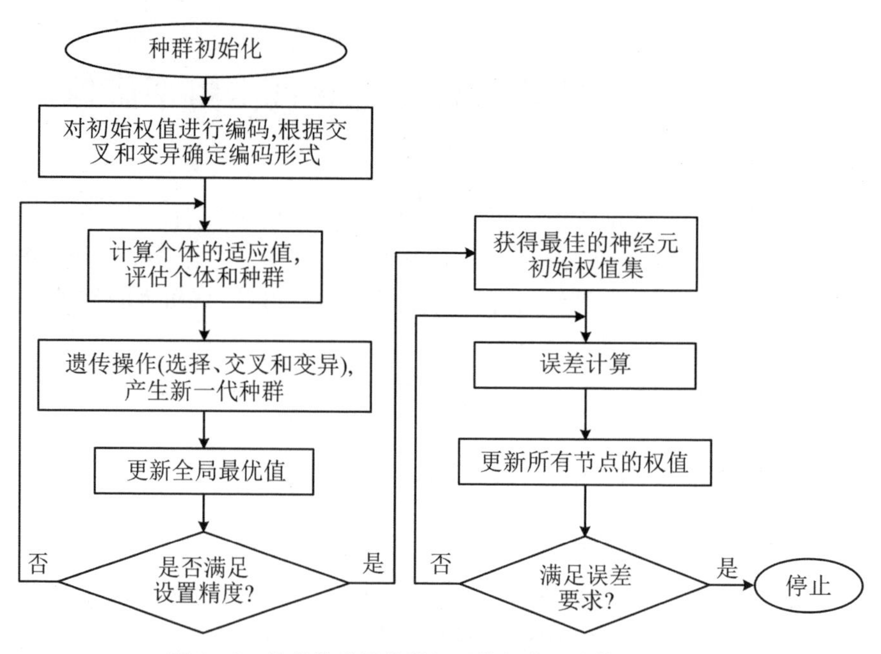

图3.18　遗传算法优化神经网络视电阻率算法流程图

遗传算法和BP算法的混合训练算法有如下步骤：

(1) 建立一个随机的初始化种群 $P(t)(t=0)$；

随机地给权值基因分配数值，权值染色体的长度依赖于神经网络的结构。种群的规模设定为权值染色体长度的5倍；

$$P(0)=\{(\boldsymbol{w}_{0,1}),(\boldsymbol{w}_{0,2}),\cdots,(\boldsymbol{w}_{0,n})\}$$

(2) 评价种群 $P(0)$中的每个个体，根据训练的实际输出和目标输出之间的均方误差计算个体的适应度值；

$$\Phi(0)=\{(\boldsymbol{\varphi}_{0,1}),(\boldsymbol{\varphi}_{0,2}),\cdots,(\boldsymbol{\varphi}_{0,n})\}$$

达不到终止条件，do：

(3) 重复：

① 评价种群 $P(t-1)$中的每个个体，计算个体的适应度值 $\boldsymbol{\varphi}_{t-1,i}$；

② 根据种群 $P(t-1)$中的每个个体的适应度值 $\boldsymbol{\varphi}_{t-1,i}$，用锦标赛竞争法从种群 $P(t-1)$中选出种群 $P(t)$；

③ 用 $BLX-0.5$ 交叉算子以 $p_c(p_c=0.6)$交叉概率对种群 $P(t)$进行重组，do：种群 $P(t)$中随机选择两个个体作为父代 $\boldsymbol{w}_t^1,\boldsymbol{w}_t^2$；$\boldsymbol{w}_t^1=(w_{t,1}^1,w_{t,2}^1,\cdots,w_{t,n}^1)$，$\boldsymbol{w}_t^2=(w_{t,1}^2,w_{t,2}^2,\cdots,w_{t,n}^2)$，$w_{\max}=\max(w_{t,i}^1,w_{t,i}^2)$，$w_{\min}=\min(w_{t,i}^1,w_{t,i}^2)$，$\boldsymbol{I}=x_{\max}-x_{\min}$；

$w_{t,i}^{1\text{child}}$和 $w_{t,i}^{2\text{child}}$是区间$[x_{\min}-0.5\boldsymbol{I},x_{\max}+0.5\boldsymbol{I}]$中根据均匀分布随机选择的数值；

$$\boldsymbol{w}_t^{1\text{child}}=(w_{t,1}^{1\text{child}},w_{t,2}^{1\text{child}},\cdots,w_{t,i}^{1\text{child}},\cdots,w_{t,n}^{1\text{child}})$$
$$\boldsymbol{w}_t^{2\text{child}}=(w_{t,1}^{2\text{child}},w_{t,2}^{2\text{child}},\cdots,w_{t,i}^{2\text{child}},\cdots,w_{t,n}^{1\text{child}})$$

产生子代种群 $P'(t)$；

④ 以 $p_m(p_m=0.005)$的变异概率对种群 $P'(t)$应用非均匀变异算子，do：

随机(均匀)选择种群 $P'(t)$中个体 $\boldsymbol{w}_t^{\text{child}}=(w_{t,1}^{\text{child}},w_{t,2}^{\text{child}},\cdots,w_{t,n}^{\text{child}})$的元素 $w_{t,k}^{\text{child}}$；

产生一个变异个体 $\boldsymbol{w'}_t^{\text{child}}=(w_{t,1}^{\text{child}},w_{t,2}^{\text{child}},\cdots,{w'}_{t,k}^{\text{child}},\cdots,w_{t,n}^{\text{child}})$；

如果 random＝0，则 $w_{t,k}^{'child}=w_{t,k}^{\text{child}}+\Delta(t,w_{bi}-w_{t,k}^{\text{child}})$，random＝0；

如果 random＝1，则 $w_{t,k}^{'\text{child}}=w_{t,k}^{\text{child}}+\Delta(t,w_{t,k}^{\text{child}}-w_{ai})$，random＝1；

产生一个新的种群 $P''(t)$；

⑤ 评价种群 $P''(t)$中的每个个体，计算个体的适应度值 $\boldsymbol{\varphi}''_{t,i}$。

⑥ 根据种群 $P(t-1)$和 $P''(t)$中的每个个体的适应度值，用锦标赛竞争法从种群$(P(t-1)\cup P''(t))$的并集中选出种群 $P(t+1)$。

产生种群 $P(t+1)$；

⑦ $t=t+1$；

(4) 直到满足终止条件，否则转向(3)；

如果满足终止条件，输出种群 $P(t)=\{(\boldsymbol{w}_{t,1}),(\boldsymbol{w}_{t,2}),\cdots,(\boldsymbol{w}_{t,n})\}$；

(5) 用 BP 算法进行局部搜索；

① 样本训练集中的 80%用来训练，剩下 20%作为验证集；

② 最好种群 $P(t)$中的最好的个体($\boldsymbol{w}_{t,i}$)代入神经网络中的节点；

③ 计算输出神经元 o 的误差函数的梯度 $\delta_o=-\Sigma(d_o-o_o)\cdot o_o\cdot(1-o_o)$；

(6) 以 η 的学习率更新神经网络中两任意神经元 m 和 n 之间的连接权值；

$$w_{mn}{}^{\text{new}} = w_{mn}{}^{\text{old}} + \Delta w_{mn}, \quad \Delta w_{mn} = \eta\Sigma\delta_n o_m$$

$$0 < \eta < 2/\max(\| \partial f(\Sigma w_{mn} o_m)/\partial w_{mn} \|^2)$$

(7) 直到满足终止条件。

3.5.2 误差分析

构造单输入、单输出的神经网络，网络的结构确定方式同 3.2.2 节，用遗传算法的优化确定权值集。通过随机 5 倍交叉验证来评估，通过调查 5 次评估的统计数据来评估网络的性能。图 3.19 是相同的测试集在 GABP 和 BP 神经网络下所输出的核函数 $Y(u)$和瞬变场参数 u 对应误差图。可以看出 GABP 的输出误差在"±0.01"以内，而 BP 的输出误差在(−0.3,0.2)内。相比 BP 优化过后的 GABP 精度更高，泛化性能更好。

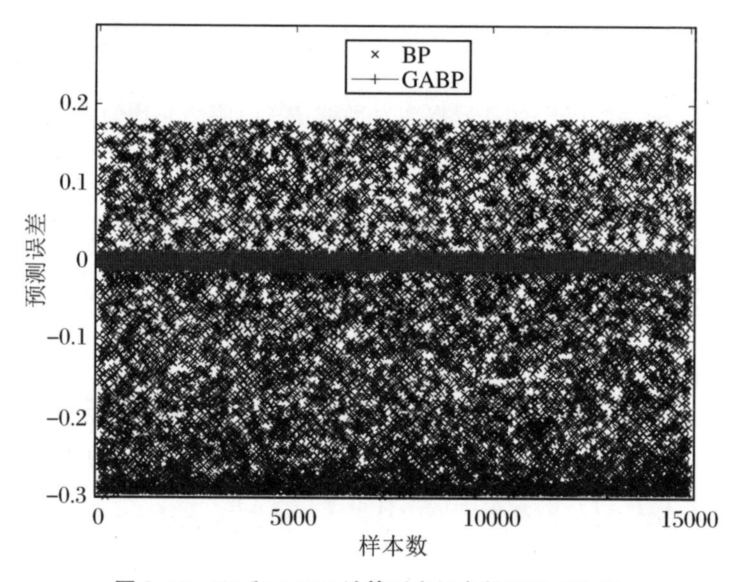

图 3.19　BP 和 GABP 计算瞬变场参数误差对比图

对 BP 和遗传算法优化 ANN 的收敛性能进行评估，通过在类似的 ANN 条件下根据适应度值来评估 BP 和 GABP 的收敛性能，结果如图 3.20 所示。从图 3.20 中可以看出，与 BP 相比，GABP 收敛的速度更快，精度更好。

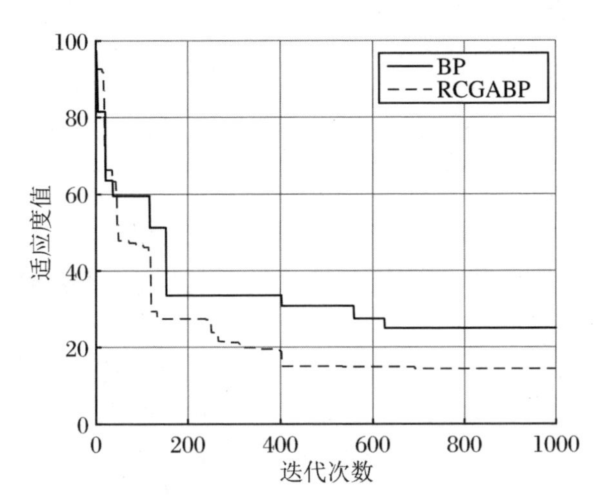

图 3.20　BP 和 GABP 的收敛性能

优化 ANN 算法的鲁棒性，来自实际应用中包含随机变化和噪声的观测数据。在许多情况下，ANN 模型需要学习区分一般趋势和噪声数据。把标准偏差分别为 0.1、0.25、0.5 和 1.0 且均值为零的高斯分布的随机噪声，添加到每个数据点，共创建了 4000 个观测值的噪声数据集。图 3.21 表示的是存在噪声的情况下，用混合遗传算法和 BP 算法进化的 ANN 模型得到的关于垂直磁场 B_z 的 $Y(u)$随参数 u 的变化曲线；其中虚线是含噪声验证数据的输出，实线是无噪声的目标输出。表 3.3 表示的就是含噪声验证数据时本节提出的网络输出的 MSE，从表中的误差可以看出本节所讨论 ANN 模型和实际无噪声的目标输出的接近程度。标准偏差为 0.1 和 0.25 的噪声数据训练的泛化误差是很小的，表明此 ANN 模型能拟合标准偏差为 0.1 和 0.25 的噪声数据，而标准偏差为 1 时，就远离了实际目标输出。

表 3.3　存在噪声的情况下的 MSE

高斯白噪声	均值＝0； 标准偏差＝0.1	均值＝0； 标准偏差＝0.25	均值＝0； 标准偏差＝0.5	均值＝0； 标准偏差＝1.0
MSE	3.92e_03	0.0108	0.0184	0.0377

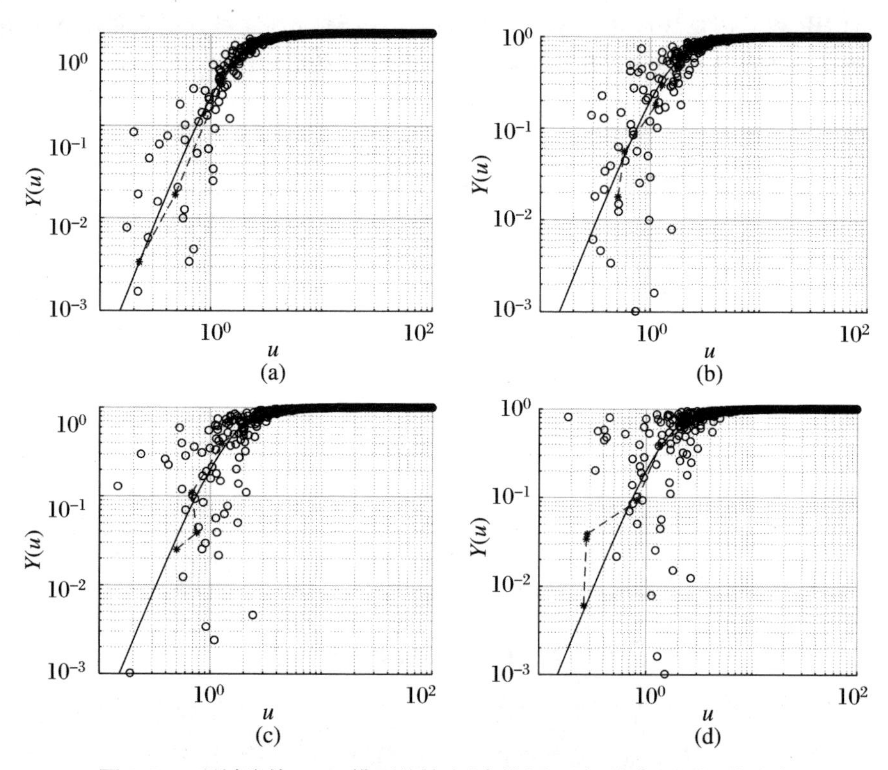

图 3.21 所讨论的 ANN 模型的输出(虚线)和目标输出(实线)的输出

注:随机噪声由高斯分布产生,零均值和标准偏差为(a)0.1;(b)0.25;(c)0.5;(d)1.0。

3.5.3 算例验证及对比

如图 3.22 所示,为电力系统某在建变电站接地网的一部分区域,钢制扁钢材料,地网大小为 4.6 m×9.2 m 的日字型网格,顶部埋深 0.8 m,接地网结构及测线位置如图 3.22 所示。测点 1 号和测点 15 号分别位于各自网格的中心位置,测点 1 号～4 号和测点 12 号～15 号间距为 0.5 m,测点 4 号～12 号间距为 0.2 m,8 号测点位于扁钢位置。瞬变电磁系统采集了当 8 号测点位置完好和断开两种情况时的数据。

该算例实验的激励源为本实验室自主开发的 WTEM-1D 型 10 kW 大功率发射机,关断时间 280 μs,发射电流幅值 20 A。通过算法把采集的每个测点的感应电压数据转换成垂直磁场强度数据,代入训练好的 GABP 神经网络模型,计算出各测点的视电阻率值,由成像算法最终得到视电阻率拟断面图,如图 3.23 所示。

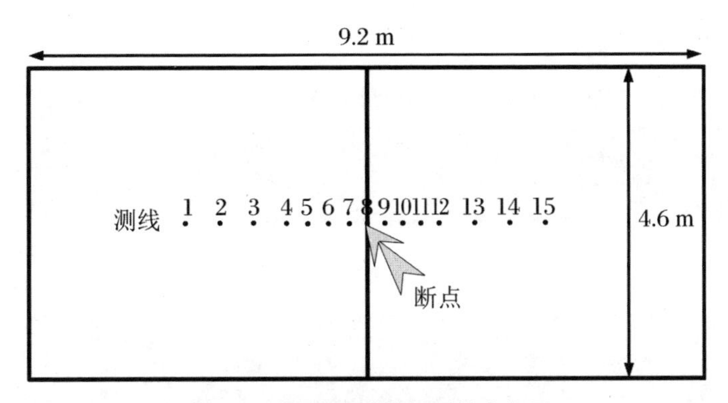

图 3.22　接地网结构及测线方向图

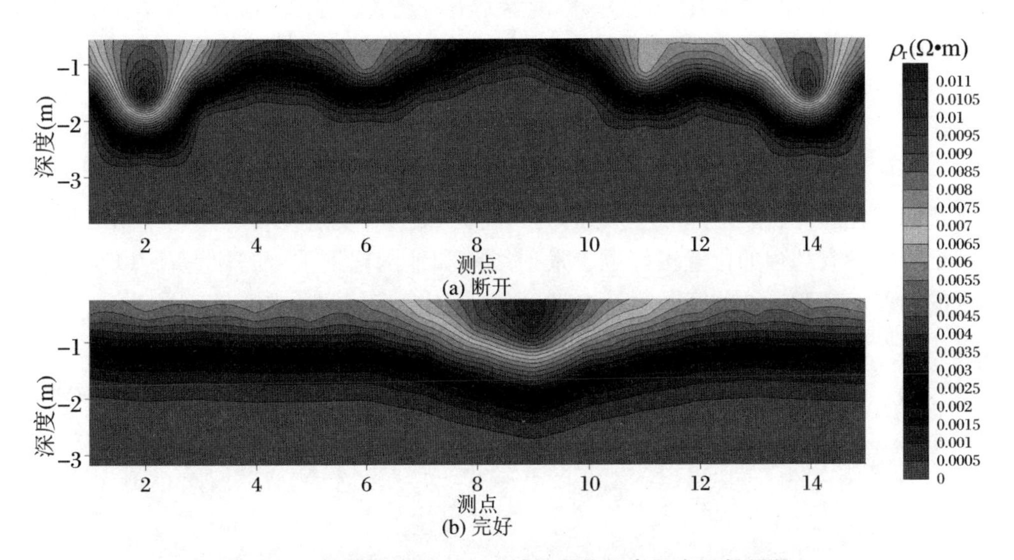

图 3.23　接地网模型 GABP 神经网络视电阻率拟断面图

从断面图 3.23 上可以看到测点 8 号和 9 号点上的视电阻率异常分布，图 3.23(a)中 8 号和 9 号测点显示为低阻，测线两头显示为高阻；相反，图 3.23(b)中 8 号和 9 号测点显示为高阻，测线两头显示为相对低阻。断面图所显示的完好(good)地网和断点(break)地网的视电阻率显示差异，符合瞬变电磁接地网诊断的特征[67]。

作为对比，图 3.24 为完好情况时的数值计算和 GABP 所得到的视电阻率断面对比图。图 3.24(a)为文献[67]中实测数据的视电阻率断面图，(b)为本节中的方法算得的视电阻率断面图。图 3.25 为存在断点情况时的视电阻率断面图。

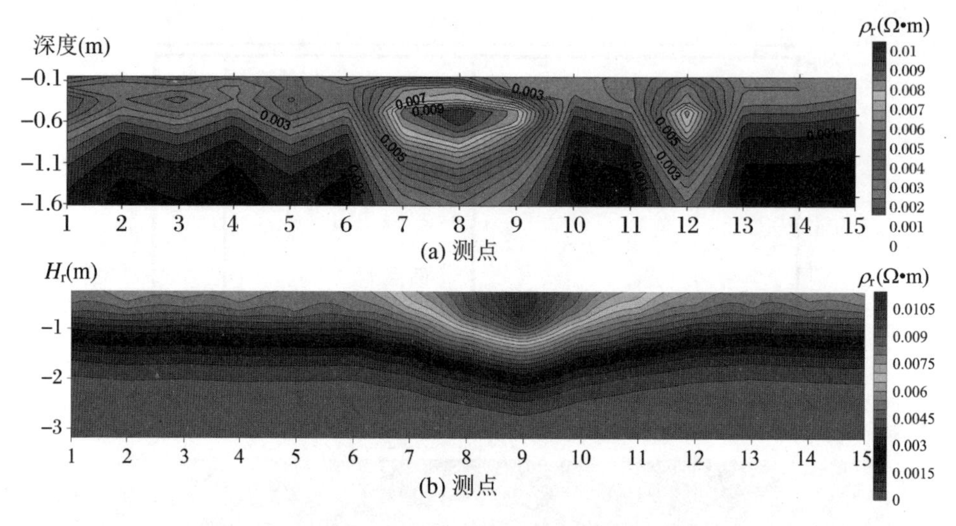

图 3.24　完好情况时的视电阻率断面图

对比可以看出,图 3.24 显示高阻区在测点 9 号而不是 8 号。其原因是在实际测量的过程中,测点 8 号和 9 号之间的距离为 20 cm,发射接收一体化线圈对接地网格产生最大耦合的位置正好位于发射线圈和地网扁钢重合的位置,所以有一个点的偏差。在变电站的实际测量中,这个偏差不会造成实质的影响。图 3.25 中的对比结果也是如此。

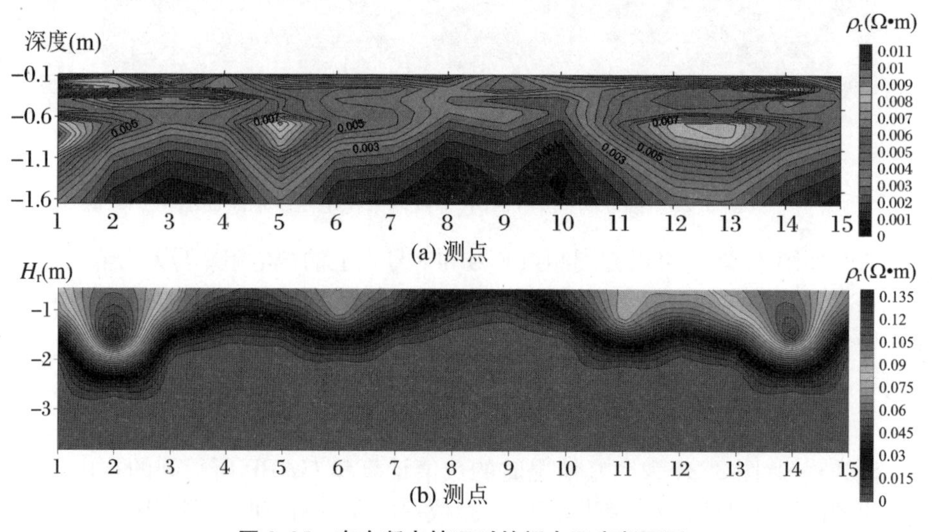

图 3.25　存在断点情况时的视电阻率断面图

通过对相同数据的对比验证，可以看出本节的方法相对于传统求解视电阻率的方法的准确性。时间消耗更短，小于 0.4084 s，传统的迭代所消耗的时间远大于本节中的方法。

3.5.4　讨论

本节对构造瞬变电磁视电阻率求解的神经网络的权值优化做了深入讨论，通过对隐含层节点数的尝试确定法确定基本结构，用遗传算法进化网络的权值。通过5倍交叉验证评估最终模型的性能，在快速求解视电阻率的基础上提高了求解的精度。15个测量点花费的时间为 0.4084 s，已经达到即时成像的程度。但通过尝试法确定隐含层节点个数不能做到遍历，也缺乏方向性的指导，在一定程度上可能会得到一个精度高但结构比较复杂的网络结构。但在实际情况下，调用复杂的网络时会消耗很大的计算内存，系统响应时间也较长，这样不能达到节约时间和成本的目的。

3.6　基于 MEPDEN 的瞬变电磁视电阻率成像

为了更好地映射出仪器采集的数据，可以使用复杂的 ANN 结构映射采集的数据以达到很高的预测精度；但大量的现场数据都调用复杂的 ANN 结构，会很耗时从而加剧时间成本；选择合理的 ANN 结构能既保证精度又节约时间变得非常重要。因此，TEM 视电阻率求解的 ANN 结构应满足简单性和近似精度的要求。

本节利用局部搜索算法，采用模因精英 Pareto 非支配排序差分进化算法设计 TEM 视电阻率解的神经网络结构。在数据集中通过 5 倍交叉验证获得位于 Pareto 前沿的具有不同结构和连接权重的一组网络，这是 ANN 的简单性和 TEM 成像的近似精度的最佳组合。

3.6.1　MEPDEN 算法

采用 BP 神经网络初始化种群并评估种群中的个体，每次迭代都计算实际输出和目标输出之间的训练均方误差的个体适应度。非支配排序差分进化算法用于解决连接权重的实值问题和训练个体的 MSE，二进制 GA 是用二进制编码来优化隐含层中节点数的。

前面讨论的用于视电阻率成像神经网络，是单输入、单输出的三层前馈神经网络。根据维数确定式(3.19)，权值矩阵 $\boldsymbol{\omega}$ 的维数为 $3H+1$；网络隐含层的节点数向量 $\boldsymbol{\kappa}$ 的维度为 H，$\kappa_h \in \boldsymbol{\kappa}$ 是二进制表示的元素，它的值(0 或 1)代表节点 h 是否存在，作为开关打开或关闭隐含层节点 h。

基于视电阻率成像的单隐含层神经网络的多目标学习问题就是三个最小化目标函数的问题，即

(1) 基于实际输出与目标输出之间的训练的均方误差(MSE)的逼近精度。

(2) 基于单隐含层中节点的数量计算复杂度。

(3) 基于 ANN 网络连接权值的模型复杂度。

对于每个数据集，输入和输出节点的数量都是固定的，但最大隐含层节点数需要设置，这里最大隐含层节点数设置为 20；所有数据集的最大迭代次数设置为 1000 次；其他参数设置如表 3.4 所示，这些参数对于所有数据集都是一样的，BP 的学习率为 0.01，BP 的迭代次数设置为 10。

表 3.4　算法的参数设置

ANN 网络初始化	
最大隐含层节点数量	20
初始权值	[−1,1]
种群规模	200
最大迭代数	1000
交叉概率(C_R)	0.9
变异概率(F)	0.5
BP 学习率	0.01
最大迭代数	10

算法示意图如图 3.26 所示，算法步骤如下：

(1) 建立一个随机的初始化种群 $P(t)(t=0)$。

生成大小为 N 的随机种群 $P(t)(t=0)$。通过预处理归一化和标准化，权值和训练 MES 元素被赋予[−1,1]之间随机的真实值。个体的二进制部分被赋值为 0 或 1 的随机值。个体长度和种群大小取决于模型的隐含层节点数量。

(2) 对每个个体应用局部搜索，并基于模型简单性和逼近精度，使用个体适应度和实际输出与目标输出之间的训练均方误差来评估种群 $P(t)$的每个个体。

(3) 使用快速非支配排序获得种群 $P(t)$的前沿列表 F。

(4) 为每个个体分配一个匹配其优势等级和拥挤距离的等级值。

(5) 重复：

① 根据他们的等级和拥挤距离，使用二进制锦标赛法来选择 $P(t)$的 N 个体；

② 在主要父代 a 和两个个体 b,c 之间随机选择一个个体作为支撑父代；

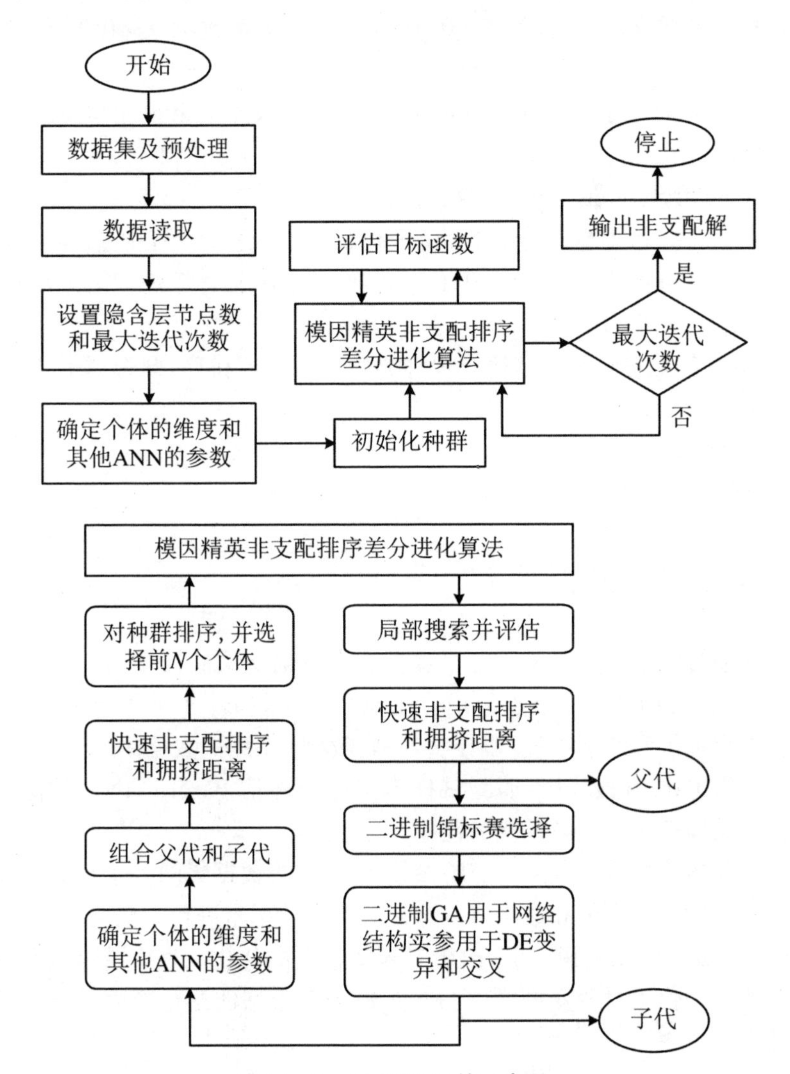

图 3.26　MEPDEN 的示意图

③ 对二进制编码 κ 执行单点交叉和逐位突变，并对选择的 $P(t)$ 的个体进行实数编码 ω 的突变和交叉，以生成大小为 N 的新的子代种群 $Q(t)$：

$$\omega=\begin{cases}\omega^{\mathrm{a}}+F(\omega^{\mathrm{b}}-\omega^{\mathrm{c}}), & \eta_j{}'\leqslant C_{\mathrm{R}}\\ w, & \text{其他}\end{cases}\tag{3.21}$$

$$\kappa=\begin{cases}1, & t=0\\ 0, & \text{其他}\end{cases}\tag{3.22}$$

其中主要父代中的每个权值 ω 通过对其增加一个比率 $F\in[0,1]$ 来扰动，这是两个支撑父代权值的差异的比率，$C_R\in[0,1]$ 被称为交叉系数，$\eta'\in[0,1]$ 是均匀分布的随机数；

④ 使用 BP 对每个个体执行局部搜索，并基于模型的复杂性和逼近精度评估种群 $Q(t)$ 的个体；

⑤ $f=1$（Pareto 前沿最优点的数量）；

⑥ $R(t)=P(t)\cup Q(t)$；对 $R(t)$ 进行快速非支配排序，构造具有不同层次的非支配集合 F^f；使用拥挤比较算子计算前面的拥挤距离 F^f，构造 $P(t+1)=P(t+1)\cup F^f$，$f=f+1$；

⑦ 根据它们的等级和拥挤值对种群 $P(t+1)$ 进行排序，并选择前 N 个个体，直到新种群 $P(t+1)$ 的大小为 N；

⑧ $t=t+1$。

(6) 直到满足终止条件。

3.6.2 误差分析

该算法通过随机 5 倍交叉验证来评估。在 5 倍交叉验证中，首先将数据集分成 5 个大小相等的子集，一个子集用作测试数据集，另外 4 个子集用作训练数据集。重复这个训练和测试过程，以便将所有子集用作测试数据集。训练集用于训练网络以获得 Pareto 最优解，而测试样本集用于评估 Pareto ANN 的泛化性能。通过 5 倍交叉验证评估最终模型的性能。

表 3.5 是核函数 $Y(u)$ 和瞬变场参数 u 对应的数据集的三个目标优化结果，包含均值、标准差、最大值和最小值。这是对所有数据集进行 5 倍交叉验证获得的结果，这些是 Pareto 最优解，用来改善对未知数据的泛化。表中结果表明，所提出的方法有能力进化出对瞬变电磁中的未知数据有很好的泛化能力、简洁紧凑的视电阻率求解神经网络。

表 3.5 MEPDEN 在训练集和测试集中的三个目标(f_1,f_2,f_3)优化

	训练误差	测试误差	网络大小	权值范数
均值(mean)	0.0056	0.0068	7.6	9.1266
标准差(SD)	9.984e-4	0.0023	1.8	5.69
最小值(min)	0.00489	2.7e-4	4.0	0.00117
最大值(max)	0.0195	0.05478	10.0	28.1983

图3.27显示了核函数 $Y(u)$ 和瞬变场参数 u 对应的数据集中经过5倍交叉验证获得的Pareto前沿。纵轴代表的是MSE，横轴表示的是隐含层节点数，这个结果表明，由于混合算法在每个数据集中都获得最佳性能，所以将局部搜索方法与进化算法相结合是研究解决该问题的良好选择。

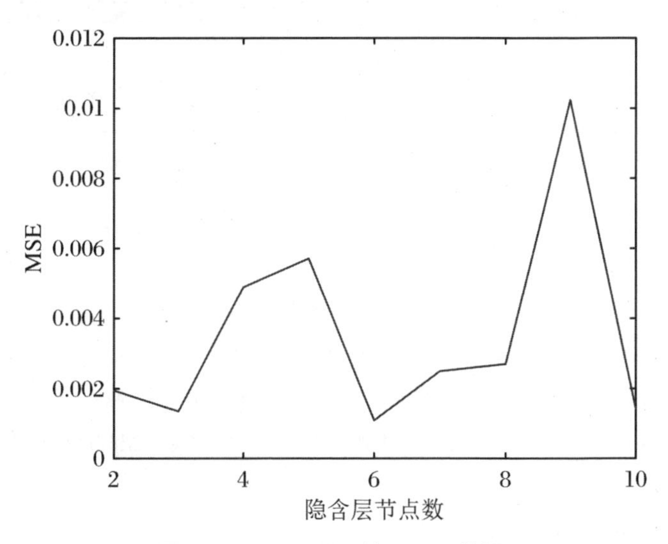

图3.27 MEPDEN的Pareto前沿

3.6.3 理论模型验证

为了验证该方法的准确性并计算效率，提出了在假设视电阻率为 $\rho = 10\ \Omega \cdot \mathrm{m}$ 和 $\rho = 100\ \Omega \cdot \mathrm{m}$ 分别使用 $1\ \mathrm{m} \times 1\ \mathrm{m}$ 和 $10\ \mathrm{m} \times 10\ \mathrm{m}$ 发射线圈的发射装置的均匀大地理论模型。使用上面构建的神经网络计算相应的视电阻率，曲线如图3.28所示。计算的视电阻率几乎等于实际电阻率，视电阻率与实际电阻率之间的最大偏差为 $0.11\ \Omega \cdot \mathrm{m}$，最大相对误差为0.11%。计算一组测量时间从0.03 ms到10 ms有62700个采样数据所消耗的时间(Inter(R) Core(TM) i7-3770K，3.9 GHz CPU的一个线程的PC)为需要0.405609 s。

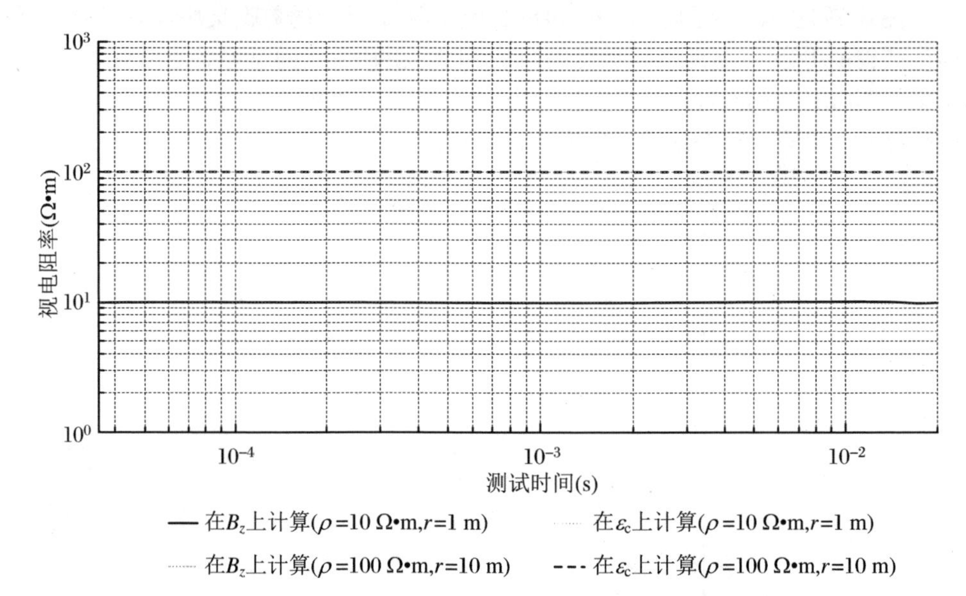

图 3.28　使用构建的神经网络计算的 B_z 和 ε_c 的理论模型的视电阻率曲线

3.6.4　算例与对比

对比算例的数据是来自中国云南广南大坝地质调查(DGS)项目中的一条测线,项目实施装置是搭载小发射线圈的 TEM 装置 FCTEM60-1 系统采集的数据。DGS 调查区是低山区的侵蚀和喀斯特地貌,该项目的目的是绘制 DGS 调查区内不稳定岩体和岩溶发育区的地质图。除 TEM 数据外,DGS 项目还涉及钻芯样品和地质解释,包括对新构造的影响。已知资料是基于一维层状地球反演的地层电阻率图,使用 EMIT Maxwell 反演得到的结果,如图 3.29 所示,其中确定了钻孔 SZK1 的位置和断层 F1 的位置和方向。SZK1 钻井结果表明,砾石土在 5 m 以内,粉质泥岩深度在 5～29.6 m 之间,下面是石灰岩;从 102.5 m 深处岩体的溶蚀和破碎带是岩溶和裂缝发育。

使用 FCTEM60-1 系统在该项目中的 TEM 观测,其中两测点间的距离为5 m,测线长 583 m,共 143 个测点;观测时间在 24 μs 和 7.9976 ms 之间。将测得的 143 个测点的 TEM 数据导入构建好的 ANN 计算程序中,得到视电阻率断面图;沿着测线的视电阻率断面图,如图 3.30(a)所示。在图 3.30(a)中,低电阻率区域显示在正东 160～250 m 和海拔 1155～1200 m 内,这与钻探数据一致,即岩溶和裂缝在 102.5 m 深处发育。在 330～400 m 的东侧显示出带有明显约 65°角向下倾斜的带状低电阻率区，这与图 3.29 中的反向断层 F1 的位置和方向一致。另外通过 ANN 方法获得的视电阻率剖面(图 3.30(a))与图 3.29 中的大地分层非常一致。通过比较两个视电阻率剖面图，可以看出低电阻率区域的分布和电阻率值的范围非常接近。

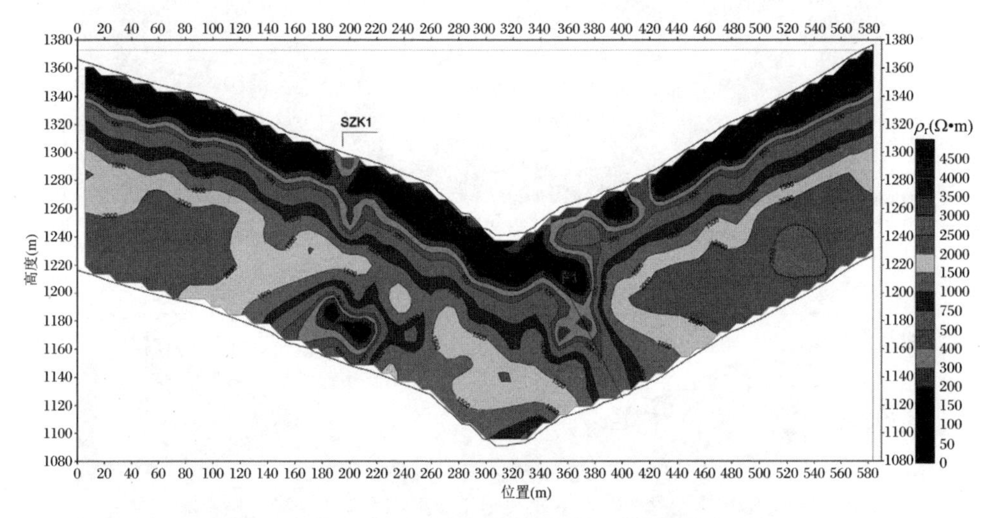

图 3.29　EMIT Maxwell 反演的地层电阻率图(云南广南)

用传统的迭代方法获得的视电阻率剖面图，如图 3.30(b)所示，图中显示的低电阻率区域分布在正东 160～250 m、海拔 1155～1200 m 内，与图 3.30(a)和图 3.29所示的基本一致。在正东方向 330～400 m 处显示的倾角约为 65°的电阻率区域与图 3.30(a)所示的也基本一致。

在一个线程 3.9 GHz CPU 的情况下，处理 143 个测点的数据合并成像所用的时间，用 ANN 的方法只需要 9.003 s，远小于迭代方法的 900.517 s。ANN 的成像所消耗的时间，主要是由集中在映射仪器记录的数据、加载数据文件和一次性加载 ANN 结构消耗的；而传统迭代法消耗的时间包括计算的迭代、加载数据文件和一遍又一遍地运行程序时间消耗。在工作中，可以将测线的所有数据一起导入 ANN 模型，获得整个电阻率成像，也可以将逐个测点的数据导入 ANN 以逐点更新视电阻率剖面图。

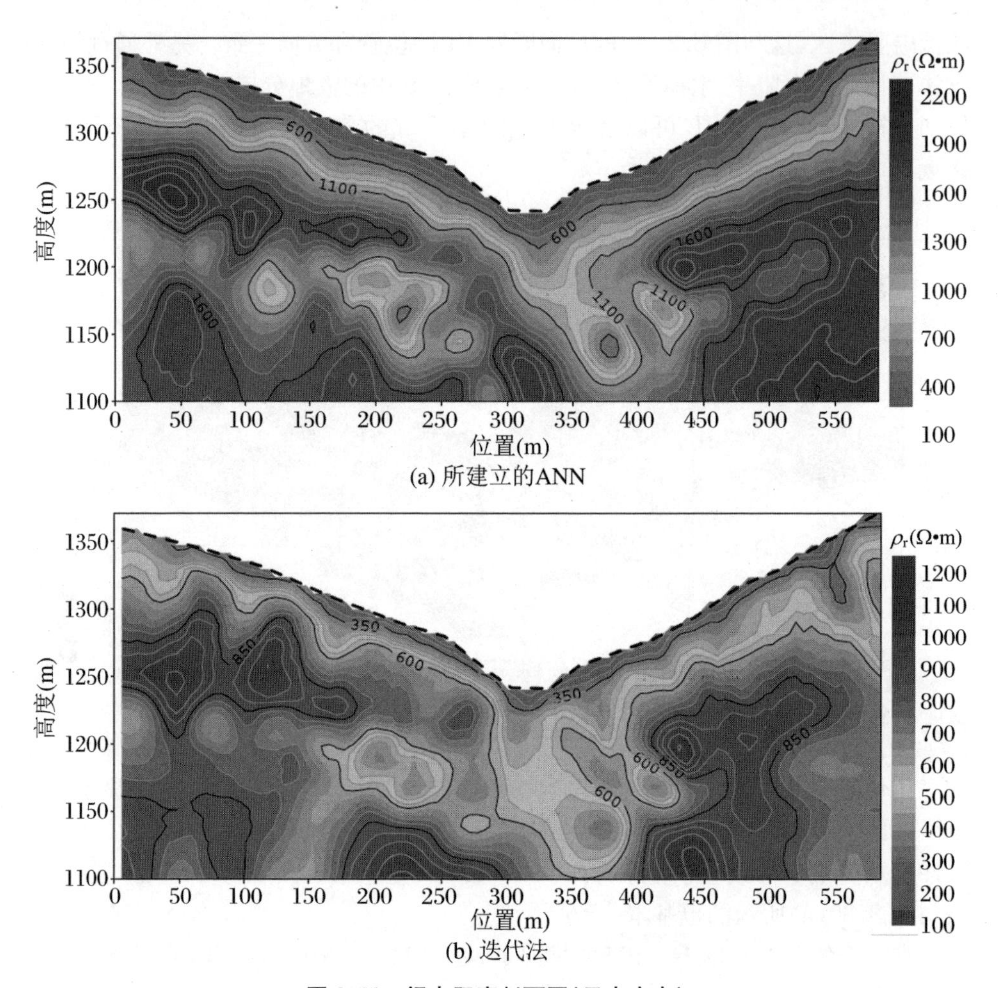

图 3.30 视电阻率剖面图(云南广南)

3.6.5 讨论

本节提出了使用混合多目标学习算法 MEPDEN 来实现对瞬变电磁视电阻率求解,该 ANN 模型兼具良好预测精度和简洁结构的特点。本节对提出模型的准确性和复杂性进行相关测试与分析;实验结果也表明通过该方法优化的网络结构计算精度更高,结构更简单;经过理论模型和对比算例的验证,可以看出计算精度和成像实例的精确度以及在计算时间上优势明显。理论模型算例 62700 个采样数据消耗0.405609 s;实际测量的 143 个测量点消耗时间 9.003 s,而迭代方法则需要

900.517 s。可以预见的是，在逐点测量时，随着测点更新可以实时更新图像；针对现在日益成熟的瞬变电磁连续测量系统，实时成像是完全可以实现的。

3.7　基于神经网络快速成像的扩展讨论

经过上述对于神经网络用于瞬变电磁视电阻率成像的设计与实现细节的讨论，分析了每一种实现方式的网络性能并通过算例验证了网络的准确性。下面我们扩展分析一下小线圈发射装置下的神经网络和时窗映射的神经网络设计实现及适用范围。

3.7.1　瞬变电磁小线圈发射装置的神经网络

本节将介绍如何实现使用神经网络方法对小发射线圈瞬变装置进行视电阻率成像。描述为归一化响应函数(3.19)和(3.20)提供的神经网络解决方案，以映射采样数据 B_z 和 ε_c 上的视电阻率。从图 3.31 中可以看出，归一化的 B_z 和瞬变场参量 u 是一一对应的，可直接建立 B_z 的归一化响应数据训练的神经网络。然而另一种情况下，存在两个瞬变场参量 u 满足一个归一化 ε_c 的情况，难以实现单输入多输出 ANN。在这些情况下，我们在接下来简要的讨论一下使用小发射线圈的瞬变装置应该如何设计并实施 ANN 的一些关键问题。

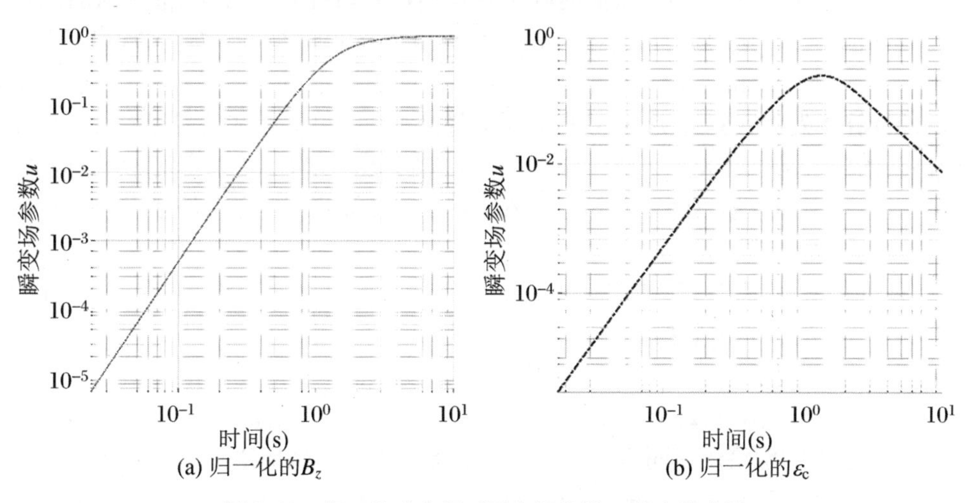

图 3.31　归一化响应相对瞬变场参数 u 的变化曲线

为了便于讨论，在供电的发射电流和接收装置的接收线圈保持不变的情况下，可把响应表达式写成归一化的二次垂直磁场和归一化的感应电动势(EMF)，即

$$\frac{2a}{I_0\mu_0}B_z(\rho,t) = Y_c(u) = \left(1-\frac{3}{2u^2}\right)\mathrm{erf}(u)+\frac{3}{\sqrt{\pi}u}\mathrm{e}^{-u^2} \tag{3.23}$$

$$\frac{2\sqrt{\pi}at}{\mu_0 I_0 S}\varepsilon_c(\rho,t) = Y'_c(u) = \frac{1}{u^2}[3\mathrm{erf}(u)-u(3+2u^2)\exp(-u^2)] \tag{3.24}$$

方程(3.23)和(3.24)的左侧分别是归一化的二次垂直磁场和归一化的感应电动势。其通过接收机采集数据记录获得，这两者都是无量纲的量。

Tx 发射回路半径在 2 m 以内的小线圈发射装置适用于煤炭水文地质勘探，隧道施工地质预报和山区 TEM 探测。除此之外，TEM 的小线圈发射环路装置还可用于检测变电站接地网的拓扑结构和断点。

根据瞬变场参量

$$u = \left(\frac{\mu_0 a^2}{4t\rho}\right)^{1/2}$$

可知，瞬变场参量 u 与电阻率 ρ、采样时间 t、发射线圈半径 a 是相关的。根据勘探区域的介质电阻率的近似范围、发射机环路的半径、接收系统的采样时间、发射线圈 Tx 的半径，可确定瞬变场参数 u 的取值范围。

假设介质电阻率的范围为[0.1,100000]($\Omega\cdot$m)，接收系统的采样时间范围为[10^{-5},10](s)，在发射线圈的半径为 2 m 以内的小线圈发射装置的瞬变场参量 u 的范围确定为[10^{-6},1.121]，如图 3.32 所示。若上述假设介质电阻率的范围和接收系统的采样时间范围不变，发射线圈半径在 2.8546 m 以内皆可保证瞬变场参量 u 的范围在[10^{-6},1.6]内。从前文的讨论我们可知，在[10^{-6},1.6]范围内的瞬变场参量 u，其归一化的 B_z 和 ε_c 相对瞬变场参量 u 的值都是一一对应的，都可直接建立 ANN 将 B_z 和 ε_c 的归一化响应数据与瞬变场参量 u 的值进行映射。用 ANN 计算小发射回路的 TEM 视电阻率的详细程序，如图 3.33 的流程图所示。神经网络的输入是接收装置采集记录的归一化响应数据，输出是瞬变场参量 u。使用具有单输入和单输出的单隐含层的 ANN 网络结构可以找到满足方程(3.23)和(3.24)的解。

训练集由方程(3.23)和(3.24)在 u 的范围内计算生成。把数据集分成五个相同大小的子集；通过随机 5 倍交叉验证评估 ANN 模型。

以上研究表明，发射线圈半径在 2.8546 m 以内，瞬变电磁数据为感应电压或垂直磁场，皆可应用 3.2.3 节或图 3.33 中所描述的网络构建方式，不存在多解情况。3.3 节中的网络优化同样适用于本小结所描述的神经网络结构。对于发射线圈半径大于 2.8546 m 的情况，为了避免多解性，我们提出时窗映射的神经网络视

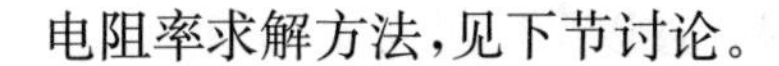
电阻率求解方法,见下节讨论。

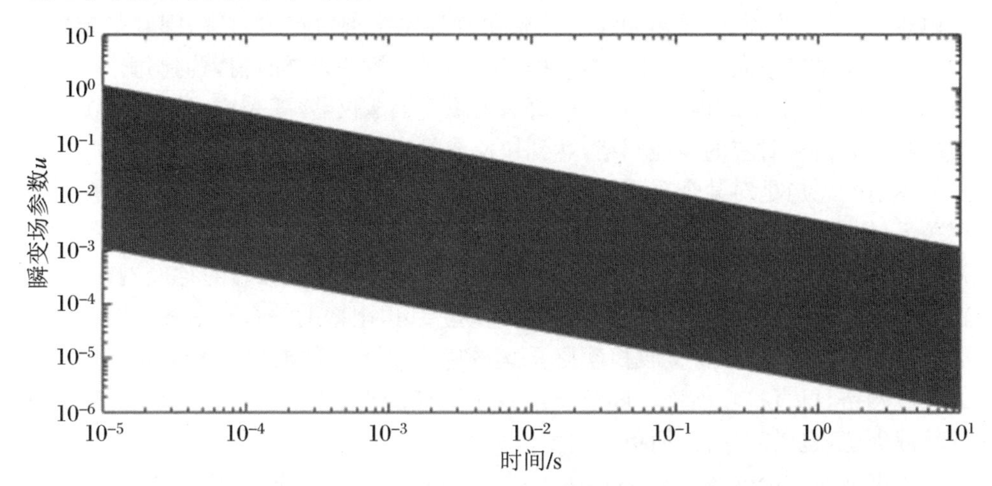

图 3.32　发射线圈的半径为 2 m 以内的小线圈发射装置的瞬变场参量 u 的范围

注:介质电阻率的范围为[0.1,100000](Ω·m),接收系统的采样时间范围为[10^{-5},10](s)

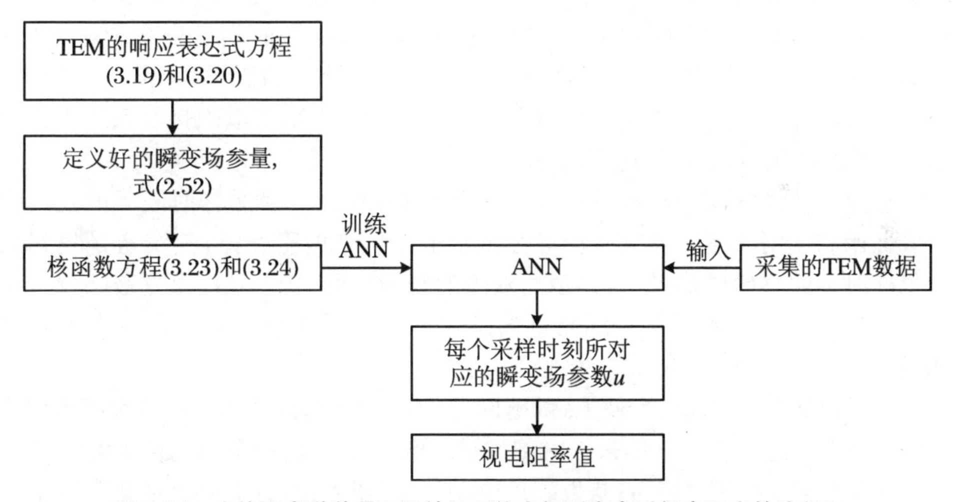

图 3.33　小线圈发送装置下用神经网络求解瞬变电磁视电阻率的流程图

3.7.2　时窗映射的神经网络视电阻率求解

发射线圈尺寸为 5～100 m 的大线圈瞬变电磁发射装置适用于矿产勘查或使用机载时域电磁法的环境调查。如前面的论述,当瞬变电磁接收系统采集的数据为感应电压时,会出现双值解的问题。一般的做法是分段计算或把感应电压数据转换成垂直磁场再进行计算。在3.2.1节中我们讨论过以采样时间 t 和归一化感应电压 $v(t)/I$ 为输入，视电阻率 ρ 为输出神经网络求解视电阻率，因其受装置参数的限制实用性不太高。为此，本节提出根据接收机的采样时窗，构建每个采样时窗的神经网络，配置的神经网络程序可写入瞬变电磁仪器，随采样时窗的观测数据应用特定时窗所对应的神经网络，达到快速成像的目的。

本节的思想是对某个采样时间点的感应电动势和电阻率值建立一一对应的映射关系，用神经网络的拟合特性训练出以感应电动势为输入，以电阻率值为输出的神经网络结构。把实测的感应电动势数据代入该时刻的训练好的神经网络，直接输出该采样时刻的视电阻率值。对感应电动势和电阻率的关系建立各个时间窗口中心点下的神经网络，将接收机实际采集的感应电动势数据代入各个时间窗口下的神经网络，可直接输出该时间窗口下每个测点的视电阻率值。该方法无需再次计算或训练，也无需迭代，简单且精度高。

根据前面讨论的瞬变场参量 u 的关系式(2.52)知，当发射线圈的半径大于2.8546 m时，瞬变场参量的值总是大于1.6($u>1.6$)。因此归一化响应 ε_c 是瞬变场参量 u 的双值函数，但归一化响应 B_z 和瞬变场参量 u 是一一对应关系的单值函数。和3.4.1节选取训练样本中介绍的一样，在确定 u 的范围并生成输入和输出的训练集之后，可直接建立ANN模型将瞬变场参量 u 的值与 B_z 的归一化响应数据进行映射。详细过程如图3.33的流程图所示。当瞬变电磁接收系统采集的数据为感应电压时，我们做如下讨论：

感应电动势(EMF) $\varepsilon_c=f(t,\rho)$ 是一个关于电阻率 ρ 和采样时间 t 的复杂的非线性函数。用实测的感应电动势数据求取全区视电阻率值，其实质是找到某个采样时刻的感应电动势 $\varepsilon_c(t)$ 值所对应的较为接近电阻率值，由方程(3.24)计算出的感应电动势数值与实际测量的感应电压值所对应的电阻率值在误差内相近。

我们根据在0.08 ms $<t<$ 1 s的范围内，感应电动势随电阻率的增大而单调下降的特性[106]，通过在特定的采样时刻的感应电动势 ε_c 值与电阻率值 ρ 之间的一对一对应来建立神经网络，它是以感应电动势 ε_c 作为输入，电阻率值作为输出来训练网络结构。使用训练好的在一定的采样时刻下的神经网络可直接输出所测量的EMF数据所对应的视电阻率值。

图3.34是30个时间窗口中心位置的感应电动势随电阻率变化的曲线。30个时间窗口中心分布在0.1～52.9898 ms之间，且大部分4～32 Hz接收机的采样时间窗口都在这个范围之内。图中可以看出感应电动势是随电阻率增大而单调递减，即在某一采样时间窗口(或采样时间点)，一个电阻率值对应着一个感应电动势值。

接收系统输出的是算术等间隔密集采样。我们设置了不同宽度的时间窗口，把密集的采样数据分成若干个延时道窗口，并叠加平均相同窗口内的采样数据作为该观察窗口的数据，这可以压制振幅的随机噪声。设置程序，使得第一窗口时间总是等于或大于一个样本宽度。

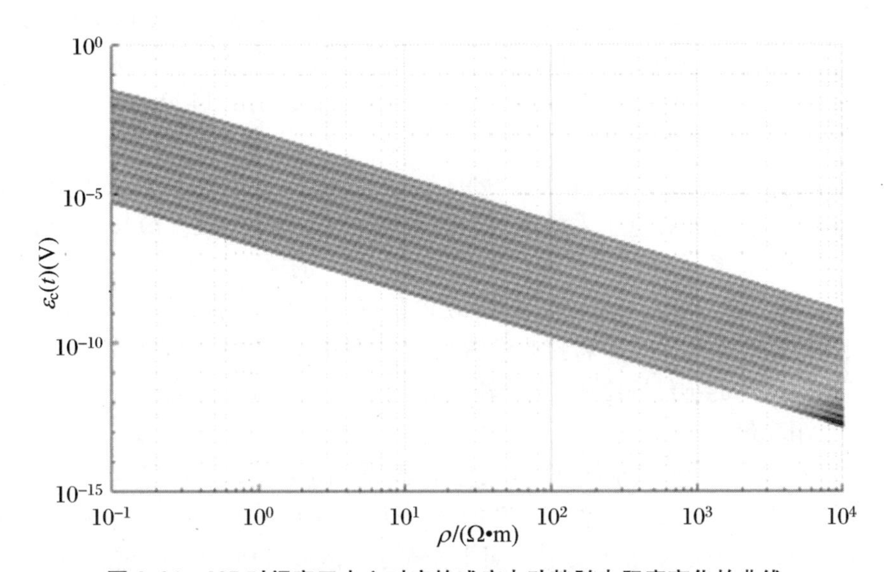

图 3.34　307 时间窗口中心对应的感应电动势随电阻率变化的曲线

根据发射频率、接收机采样率设置窗口的数量及每个窗口的点数。窗口的数量和窗口时间的宽度之间的经验关系可以写成

$$P_n = floor[1.261 \times \exp(0.2302 \times n)] \quad (n = 1,2,3,\cdots) \tag{3.25}$$

这里，P_n 是各个窗口的采样点数，也是该窗口的时间宽度。根据一个完整采样周期内的采样点数量划分窗口数量。第一窗口时间宽度（采样延时）等于接收机采样宽度，这里大于等于 10 μs。第二个和后续的采样延时由 P_n 得到

$$Times_n = Times_{n-1} + \Delta t \times P_n \quad (n = 2,3,\cdots) \tag{3.26}$$

其中 $Times_n$ 是第 n 个窗口时间，Δt 是接收系统的采样时间。

窗口宽度由

$$TIMESwidth_n = P_n \times 10\ \mu s \tag{3.27}$$

给出；而窗口时间中心则是由下式计算得到：

$$TIMEScenter_n = T_{off} + 0.033 \times TIMESwidth_{n-1} \tag{3.28}$$

这里，T_{off}是关断时间，$T_{off} = 100\ \mu s$。

若以发射 16 Hz 的瞬变电磁斜阶跃电流波形为例，设置 26 个窗口。窗口时间宽度和窗口时间中心如下：

$TIMESwidth$ = [0.01,0.02,0.03,0.04,0.05,0.06,0.08,0.11,0.13,0.16,0.2,0.25,0.32,0.4,0.5,0.63,0.8,1,1.26,1.59,2,2.52,3.17,3.98,5.02,6.31]

$TIMEScenter$ = [0.1,0.10967,0.12901,0.15802,0.1967,0.24505,0.30307,0.38043,0.4868,0.61251,0.76723,0.96063,1.20238,1.51182,1.89862,2.38212,2.99133,3.76493,4.73193,5.950350,7.48788,9.42188,11.85872,14.92411,18.77277,23.62711]

26 个窗口时间分布在 0.1～52.9898 ms 之间，其中 4～32 Hz 的大多数接收系统的观测时间都分布在这个采样范围之内。建立感应电动势 $\varepsilon_c(t)$与电阻率 ρ 之间一一对应的关系，因此，26 个窗口时间点的 ANN 的输入输出关系被直接建立。用前面章节介绍的神经网络求取 TEM 视电阻率的方法，直接映射出测量的 EMF 数据所对应的视电阻率值。将接收装置采集记录的感应电动势数据代入到训练好的特定窗口时间的神经网络中，直接输出在此个窗口时刻的感应电动势数据所对应的视电阻率值。

时窗映射的神经网络求解 TEM 视电阻率，适用于发射线圈半径大于 2.8546 m 且观测量为感应电压的情况；值得注意的是，当观测数据为垂直磁场时，该方法也同样适用；另外，该方法不限于发射线圈半径大于 2.8546 m 或观测数据是否为垂直磁场或感应电压。所以，该方法写入瞬变电磁系统去匹配各个采样时间窗口是非常值得期待的。

本章小结

较大区域的瞬变电磁法探测或在变电站中进行接地网探测的密集测量时，通常会采集数量巨大的数据，能够以逐点实时显示成像和更新是一个很吸引人的选择。使用快速成像方法可以实时地向客户快速传送调查结果。

本章讨论了基于神经网络的瞬变电磁法快速成像，研究了瞬变电磁法电磁响应和地电参数之间的关系，利用神经网络映射该关系得出所要求解的地电参数，提出了自变量输入模式和非线性方程模式的神经网络求解视电阻率，并扩展了小线圈发射装置的技术应用以及时窗映射的神经网络视电阻率求解，有以下几点：

(1) 提出自变量输入模式的神经网络求解方法，以感应电压 $v(t)$和采样时间 t 为输入、电阻率 ρ 为输出建立瞬变电磁求解视电阻率的网络结构；

(2) 提出非线性方程模式的神经网络求解方法，以核函数和瞬变场参数之间的一一对应的特点建立单输入单输出的对应关系，建立人工神经网络后，记录的 TEM 数据可以直接通过 ANN 映射出视电阻率，这种方法可以达到快速计算电阻率并成像的目的，避免了初始模型的设置和耗时的迭代；

(3) 提出了基于遗传算法优化 BP 神经网络的视电阻率成像方法(模型)，避免训练时陷入局部最小而导致最终视电阻率计算的偏差变大；

(4) 提出了基于 Pareto 非支配排序差分进化优化神经网络的视电阻率成像，其兼具良好预测精度和简洁的网络结构；

(5) 扩展了小线圈发射装置的技术应用，小线圈发射装置的感应电压数据不存在多解情况，其应用神经网络求解视电阻率方法和垂直磁场数据一样；

(6) 提出了时窗映射的神经网络求解方法，建立了不同时窗点的感应电压的神经网络，直接输出该时窗所对应的视电阻率值，避免了感应电压的多解性。

本章的研究有以下特点：

(1) 可以将训练的网络看作为一个映射盒子，输入端输入数据，输出端映射出结果，无需进行迭代计算或地层反演计算。

(2) 网络无需因数据变化而再次训练，根据中心回线装置的瞬变电磁数据，发现地形环境和时间变化对该映射工具没有影响。

(3) 简单快捷。因没有迭代计算和地层反演的步骤，大大节省了视电阻率求解的时间。

(4) 可作为瞬变电磁中心回线探测方式的通用工具；计算程序写入仪器，能实时显示探测数据计算出的视电阻率结果，达到中心回线瞬变电磁探测实时成像的目的。

第 4 章　变电站接地网的瞬变电磁法检测与腐蚀程度分析方法

4.1　引　　言

第 3 章所提出的实时成像方法在计算时间上有明显优势，143 个测量点只消耗 9.003 s。在逐点测量时，完全可以实现随着测点更新实时成像。在变电站进行接地网瞬变电磁检测时，因瞬变电磁的高测量效率，会产生大量的观测数据。特别的是，瞬变电磁连续观测系统出现后，观测的数据量呈指数增长，数据处理的工作量巨大。这种情况下，传统的包括快速反演和传统快速成像的手段远远不能满足要求。因此，我们所提出的神经网络快速成像方法特别适合对变电站接地网进行瞬变电磁检测，可以提高检测效率，减少人工成本。

在输电线路地质安全评估、电力电缆定位和地下管网探测中，瞬变电磁法等地球物理方法得到广泛应用。浙江大学电气工程学院应用高密度电法对 110 kV 东蒙（乌牛）输变电工程开展了地质灾害危险性评估，取得了较好效果。但高密度电法属接触测量，使用不便，相比 TEM 效率较低，要实现高分辨测量非常困难。

瞬变电磁法探测接地网（transient electromagnetic system for grounding grid detection，G-TEM）的出现，重点解决了接地网缺陷、腐蚀与损坏后开挖检查等较为困难技术难题，可用于接地网故障诊断系统和状态评价。它显著提高了接地网状态检测及故障诊断水平，推动了电力工业接地网状态检修技术的快速发展和提高地网状态评价、故障预判和排查的效率，如图 4.1 所示。G-TEM 是一种研究变电站地下电导率分布的电磁测量方法，在变电站接地网的断点检测和故障诊断方面的应用近几年里得到很大进展[15,67-69]。首先，通过可控源的阶跃脉冲电流产生脉冲电磁场（一次磁场）。一次磁场通过位于接地网上方地面上的发射线圈直接穿过地下覆盖接地网的探测区域。当脉冲电磁场源被瞬间切断时，来自接地导体的涡流感应场集中在发射线圈附近的地表并随着时间延迟向下和向外扩散。扩散速率与地下介质的电结构有关。由于脉冲电磁场具有不同的频谱，观测到的响应实际上是地下物体的卷积值和电磁波谱，包含有关地下介质或接地导体的电特性和几何参数的信息。在发射机的脉冲电流关断期间，观察到由主磁场激发的地下物体的电磁响应。通过求解测得的 TEM 电磁响应的反问题获得接地网不同深度处的视电阻率，并构建接地网的三维视电阻率纵剖面图。再根据获得的接地网的视电阻率纵向剖面图诊断变电站电网的断点情况。该方法用于非挖掘和不带电情况，不影响电网运行。除此之外，构建的接地网的三维视电阻率纵剖面图，还可以显示变电站网格的拓扑结构、腐蚀和断点情况。

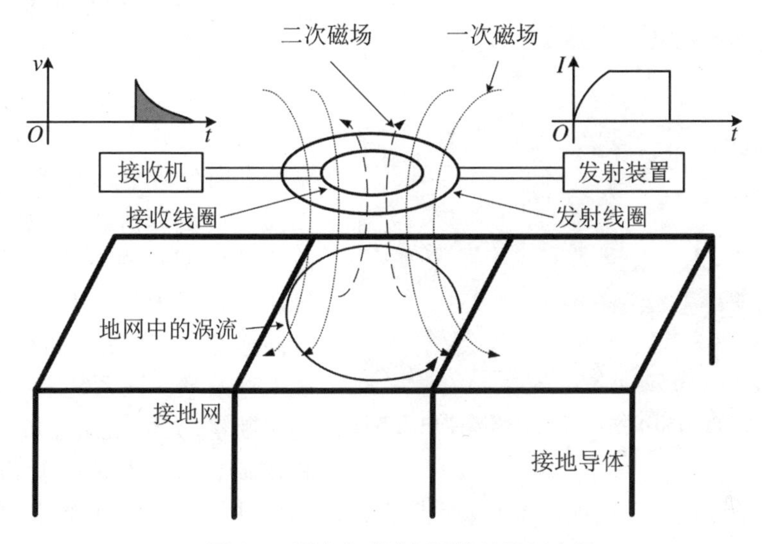

图 4.1　瞬变电磁法探测接地网示意图

4.2　G-TEM 测量及预处理

4.2.1　G-TEM 测量装置

G-TEM 接地网腐蚀检测系统设备以超浅层拖拽式高分辨率瞬变电磁系统 FCTEM60-1 和仪器技术为参考，针对接地网检测的特定背景和对象研发了包括特定的场源、探头、采集系统、信号处理和成像软件。G-TEM 接地网成像技术的腐蚀检测及量化技术是以瞬变电磁法的视电阻率深度断面图为基础的,描绘出了地网的拓扑结构、断点位置和腐蚀程度,并自动对接地网腐蚀程度量化分级。

FCTEM60-1 拖拽式高分辨率瞬变电磁系统凝聚了重庆大学和重庆璀陆探测技术有限公司 10 余年的研究经验,在高速线性关断、消互感、观测模式和信号处理等方面取得了多项创新性成果。该系统由瞬变电磁主机、拖拽式发射接收线圈、数据处理与成像软件组成,如图 4.2 所示。发射机采用“恒压钳位”技术实现了对大发射电流的高速线性关断(70 μs@60 A));系统的发射接收线圈采用“跨环消耦”结构实现了对早期二次场信号的测量,大大减小了浅层探测的盲区,具有极强的浅层探测能力;系统的数据采集板的最大采样率为 2.5 MHz、采用 USB3.0 数据传输方式实现了对信号的高速采集并传输,提高了系统纵向分辨率。高密度采集也提高了浅层分辨率,大磁矩发射改善了深部探测效果。同时,系统还结合了 RTK 卫星定位系统实现连续测量,该模式极大提高了工作效率。该系统主要应用于能源勘察,大坝、岩溶、采空区、工程地质、水上地球物理调查,隧道、矿井超前预报以及接地网检测、管线探测、管道腐蚀检测、不明埋藏物调查、考古等领域。

图 4.2 FCTEM60-1 拖拽式高分辨瞬变电磁系统

变电站接地网探测的主要参数如下:

发射磁矩:发射磁矩 = 发射电流幅值 × 发射线圈匝数 × 单匝面积;本装置发射电流幅值最大为 $I = 35$ A;发射线圈匝数为 20;单匝面积 $S = \pi \times 0.4^2$ m^2 = 0.5 m^2;因此发射磁矩 ANS = 35 A × 0.5 m^2 × 20 = 350 A · m^2。

发射电流的关断时间:当发射电流幅值为 $I = 35$ A 时,发射电流的关断时间小于 40 μs;当发射电流幅值为 22~24 A 时,关断时间小于 25 μs。

接收线圈有效面积:接收线圈有效面积 = 接收线圈匝数 × 单匝面积;本装置接收线圈有效面积为 40 m^2。

接收机的装置参数:本装置接收机拥有高精度、高密度磁场接收处理能力。接收机采用 24 位 AD 转换器,采样率为 100 kHz。

探测深度:对于接地网导体,最浅探测 0.3 m。

4.2.2　工况下的去噪预处理

为抑制变电站内的工频干扰，分别从硬件和软件两方面采取措施。硬件方面：在接收线圈上方安装屏蔽层，在接收机内安装硬件工频陷波器。软件方面：使用叠加法去除高斯噪声；使用软件实现高次谐波滤波；使用小波去噪。

四川自贡变电站现场测试中的背景噪声曲线如图 4.3 所示，幅值约 0.7 V 的 50 Hz 背景场。图 4.4 第一行是自贡变电站所测得的带有 50 Hz 工频干扰的接收电压波形，左图为测得的时间域波形，右图为其频谱；第二行是经过 50 Hz 滤波后的接收电压波形，同样左图为测得的时间域波形，右图为其频谱。由此可知在电力接地环境中存在强烈的工频电磁干扰。由于发射电流大，收发线圈距离近，发射机电磁兼容与电磁屏蔽会引起很大的电磁噪声，影响发射电流质量。此外，外界的开关电源带来的高频脉冲干扰等，也会为发射系统带来高频噪声。

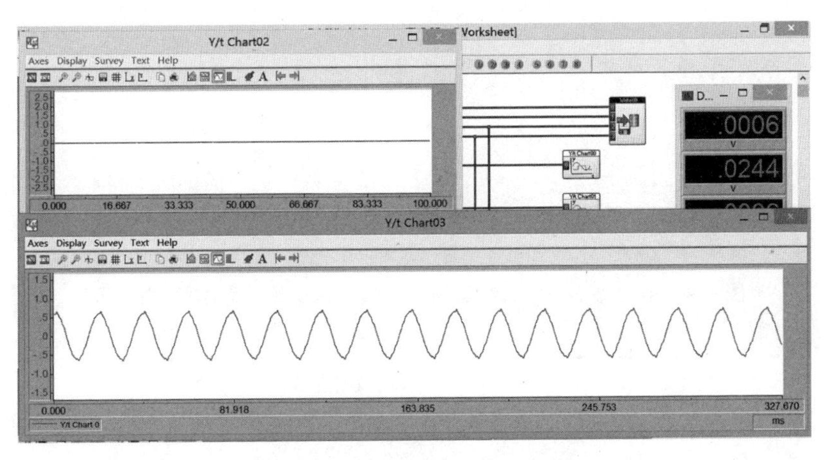

图 4.3　自贡变电站背景场曲线

发射装置发射双极性脉冲波形，通过正、负供电波形的相减求平均，并且将长时间采集后的多个波形叠加。这样的处理方法可抑制噪声干扰，采用加大发射功率的办法可以提高观测数据的信噪比。

小波去噪技术广泛应用在设备的初始数据采集上，瞬变电磁系统的信号预处理技术也越来越多地依赖小波去噪技术。通过对采集信号的时域、频域进行分析，研究表明小波去噪特别适合瞬变电磁系统采集数据信号时识别来自仪器本身或外界干扰的噪声，还可以显示噪声的成分，所以小波去噪引入变电站的接地网探测是实用可行的。经过对现场数据进行去噪处理可发现，sym6 小波函数对在变电站采集的瞬变电磁响应信号的去噪效果比较好。图4.5所示的是在变电站采集的双极性脉冲波形发射装置，经过正、负供电波形的相减求平均和对多个波形叠加处理后再用小波去噪之前和之后的效果对比。图中可以看出，小波去噪对变电站采集的瞬变响应信号有很好的去噪效果。

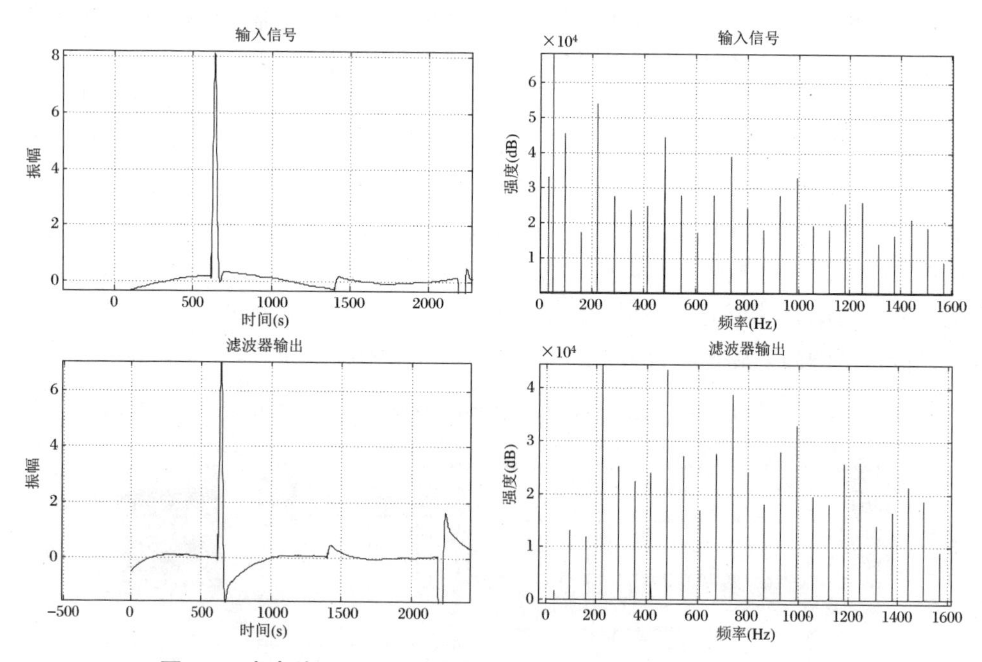

图4.4　变电站50 Hz工频噪声对接收测量电压的影响(四川自贡)

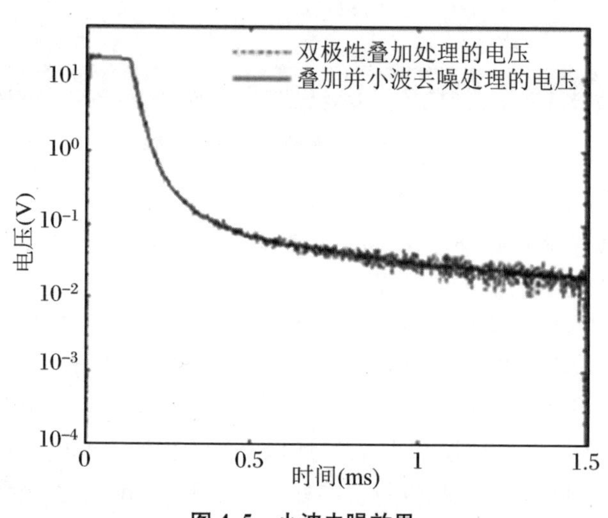

图4.5　小波去噪效果

4.2.3　接地网的快速检测方案

接地网现场检测的测试方案大致分几个步骤：首先根据试验内容和安排确定试验时间、地点、人员和分工；其次检查清点试验所需要的仪器设备；最后根据以下几步进行试验：

(1) 根据变电站实验现场实际情况确定测线位置及条数，并确定测点间距，测点；

(2) 根据设备连接示意图将试验仪器依次连接好，检查各仪器连接情况，确保准确无误；

(3) 用发射机为发射线圈供电，发射线圈在地下建立一次脉冲磁场；接收线圈以感应电压的形式接收地下接地网反射回的二次场信号；

(4) 接收线圈接受的感应电压数据由接收机采集并存储，同时记录发射电流的数值和电流关断时间。

前面第 3 章所提出的实时成像方法便于接地网的周期性比较检测，观察接地网状态随时间的变化，发现接地导体的变化，如盗窃造成的变化。首先，检测区域中的测量点结合具有差分 GPS 技术(DGPS)的 RTK 卫星定位系统精确定位，确定位置以备周期性测量定位。其次，我们可以定期绘制确定坐标的测量点的三维深度-视电阻率剖面，通过比较周期性测量中获得的三维断面图去评估接地网的未来运行周期。接下来简要讨论一下接地网的实时检测步骤。

有变电站接地网设计图纸作为参考的情况下，根据设计图纸中地网的规划和扁钢的走向确定待诊断地网区域的测线和测点。发射装置的发射线圈中心和测点大致重合，沿着测线逐点测量。测线、测点和接收线圈及发射装置的设备连接和相对位置如图 4.6 和图 4.7 所示。测点的感应电动势(感应电压)数据通过接收器线圈记录采集。经过我们提出的实时成像方法构建出所探测区域的电阻率-深度三维剖面图，并逐点更新。通过比较地网设计图和剖面图，可以清楚地显示变电站接地网的故障和断点位置。

如果没有地网设计图作为参考，则在地网正上方的地面上随机设置多条平行测线。以相同的方式，使用接收线圈记录采集测点的感应电动势(感应电压)数据。通过所提出的实时成像方法构建所诊断地网区域的三维深度-视电阻率剖面图，并逐个测点更新。在计算的三维深度-视电阻率剖面图上初步估计扁钢和接地导体的位置和地网网孔边的长度。基于初步估计的扁钢和接地导体的位置和地网网孔边的长度在变电站地网的网格区域扁钢的侧面重新确定测线的位置。当随机测线区域发现故障的位置时，重新确定该故障区域的测线用于精确测量。使用该测试方式评估丢失地网设计图的老旧变电站,可以作为电力系统行业中的常用手段。图 4.8 中的框图表示了检测变电站网格的拓扑配置和断点的步骤。

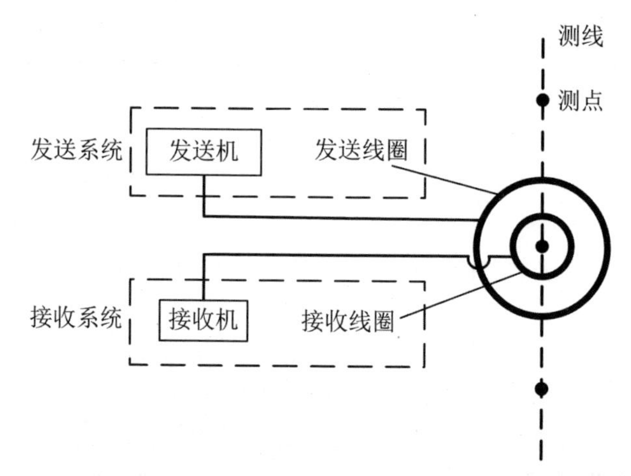

图 4.6　测线、测点和接收线圈及发射装置的设备连接和相对位置

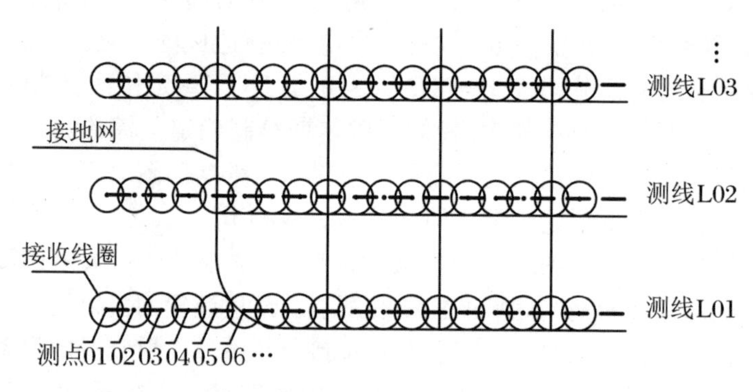

图 4.7　瞬变电磁接地网探测的测线和测点布置方案

采用神经网络快速视电阻率成像对电力接地网进行周期性扫描诊断成像,将腐蚀影像、接地网地理位置、土壤环境等数据上传至地网健康影像库,实现接地网故障及腐蚀程度可视化。对接地网腐蚀状态进行周期性“体检”成像,将被分析的腐蚀影像与模拟的接地网腐蚀影像、自身历史影像进行横纵向比对。根据影像直观诊断接地网腐蚀程度,定位腐蚀位置,实现接地网全寿命周期的腐蚀状态跟踪评估。

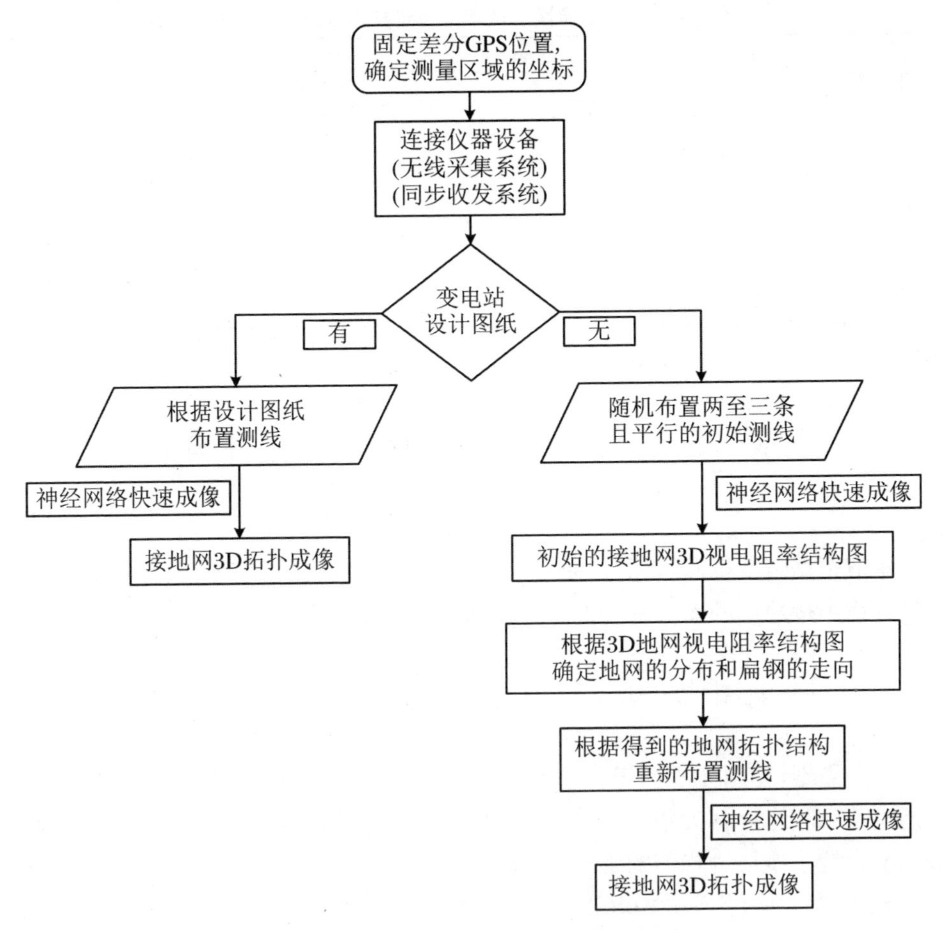

图 4.8　瞬变电磁探测变电站接地网流程图

以国网重庆市电力公司管辖变电站为例,对快速成像诊断技术与传统测试加开挖检查的经济性进行对比,人力成本按 40 元/(人・小时)计算,如表 4.1 所示。根据《国家电网公司变电检测管理规定(试行)》关于接地装置开挖检查周期不大于 5 年的规定,预计在重庆公司平均每年减少盲目开挖检查变电站 170 余座,提高工作效率 90%以上,节约人力成本 100 余万元。据统计,国网公司管辖 35 kV 及以上变电站 3.6 万座(截至 2016 年 10 月),预计在国网公司每年节约人力成本 4300 万元。快速成像技术有效提高了接地网腐蚀状态诊断、故障预判和排查能力,改善了开挖检查带有盲目性、效率低的现状,与传统测试加开挖检查相比,极大地提高了接地网腐蚀诊断技术水平和工作效率。避免电力系统发生故障时因接地网腐蚀而发生的电力设备损坏,对保障电力系统安全运行具有重要意义。

表 4.1　快速成像诊断技术与传统技术经济性对比表

电压等级	变电站数量	工作时间(人×小时/站)		提高的工作效率	节约的人力成本(元)
		传统测试加开挖	快速成像诊断		
35 kV	392 座	8×12	3×2	93.8%	141 万
110 kV	350 座	8×24	3×3	95.3%	256 万
220 kV	97 座	8×32	3×4	95.3%	95 万
500 kV	13 座	8×40	3×6	94.4%	16 万

4.3　接地网模型的瞬变电磁特征分析

本节根据瞬变电磁法原理，研究了接地网的瞬变电磁信号特征，建立了仿真模型并分析了接地网断点的瞬变电磁特征和视电阻率剖面特征。

4.3.1　接地网的瞬变电磁特征

地网模型：如图 4.9 所示，x、y 方向的四根铜质圆形接地导体组成了 3×3 的地网模型，地网的总大小为 30 m×30 m，接地导体的截面直径为20 mm，埋深0.8 m，设置土壤层为均匀的半空间，电阻率为 80 Ω·m。分别用 CDEGS 接地网设计软件和 ANSYS Maxwell 3-D 进行频域和时域仿真。

图 4.10 中反映了 x 走向和 y 走向的导体，显现出了两个完整的网孔。在 y 走向位于(15,20)处导体上出现断口，断口长约 20 cm，可以看出断口处正上方出现异常，这是通过频域法为接地网的断点诊断提供的依据。

图 4.11 为对地网导体在背景场、良好导体和有断口的 TEM 仿真，用中心回线装置，发射线框边长 20 cm 的正方形，测点位于发射线圈的中心处，发射线框中心点坐标为(10.1,15)。图 4.11(b)为(a)的局部放大，虚线为导体完好，点线为有断口，实线为无接地网时的总磁场。从仿真看出，背景场(无地网)最小，有断口时感应二次场略增大，导体完好时，感应二次场强度比断口处高许多，这也与频域仿真结果相一致。此外，有断口的二次场和无断口的二次场之间的差异相比，其在频率域中的差异更为明显。

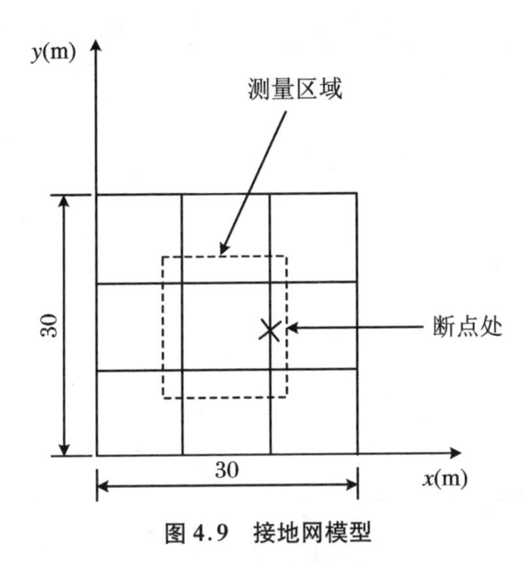

图 4.9　接地网模型

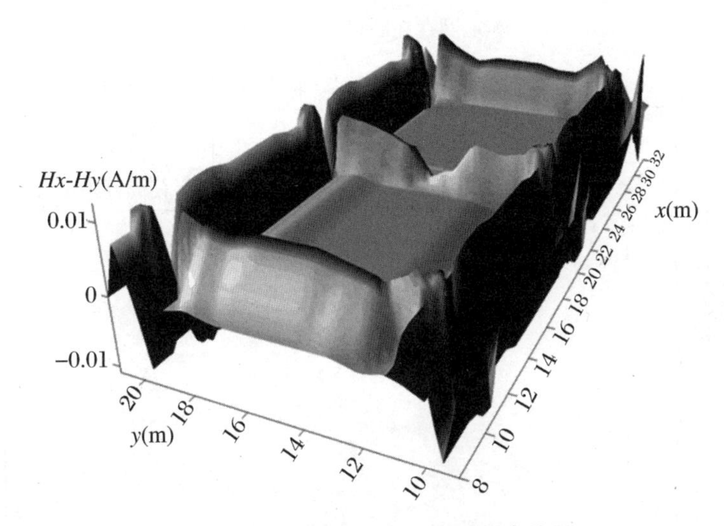

图 4.10　地网存在断口时频域仿真结果

频域电磁法仿真的频率较高，达 10 MHz。仿真软件考虑了位移电流，我们用 2 MHz 仿真了部分特征点，也得到类似结果。从频域电磁法角度，已能分辨导体走向和断口。但频域电磁法的缺点是存在背景场，再加上电磁干扰，导致实际测量困难。TEM 的主要优点是测量一次场结束后的净二次场，消除了背景场影响，反映的地质结构信息更为突出，容易测量；还具有宽频特征，反映丰富的纵向信息。从图 4.11 看出，采用 TEM 能够实现地网导体走向、断点诊断。如果以实现电阻率成像为前提，结合模式识别等技术，将提高诊断地网状态的准确性。

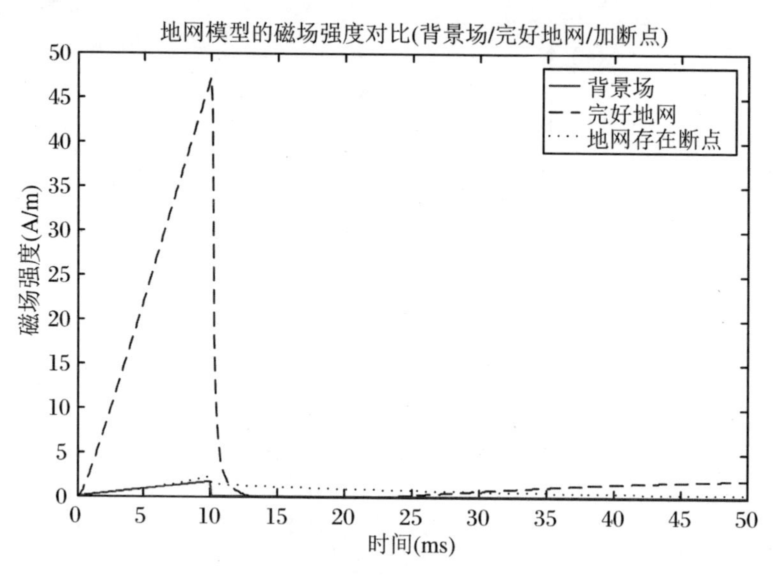

(a) 地网存在断口时的时域仿真

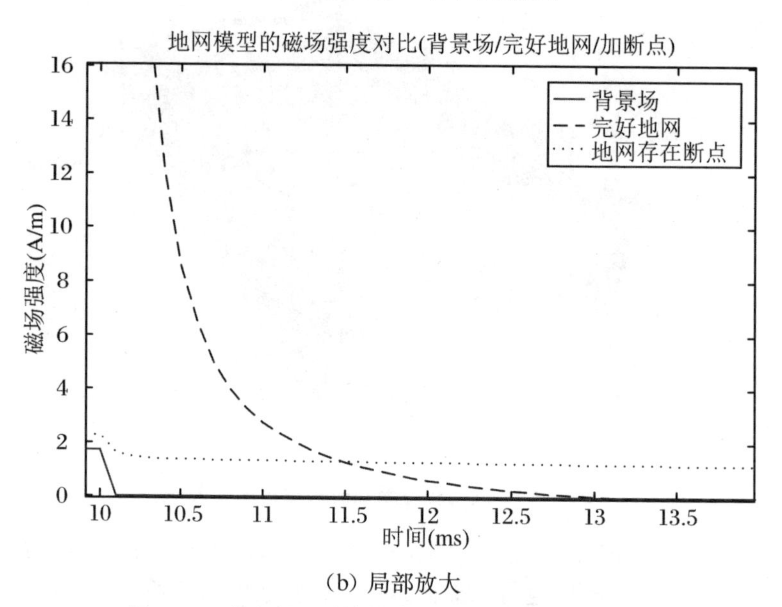

(b) 局部放大

图 4.11　存在断口时的接地网 TEM 磁场强度仿真图

我们还进行了单发射多接收方式的接地网瞬变电磁仿真研究，模型如图 4.12 所示。模型来自 ANSYS Maxwell 3-D 软件的接地网模型的仿真数据，该软件是低频电磁场仿真器。它使用有限元方法通过适当选择瞬态磁求解类型来计算和分析三维电磁场数据。模型的设计和参数如下：

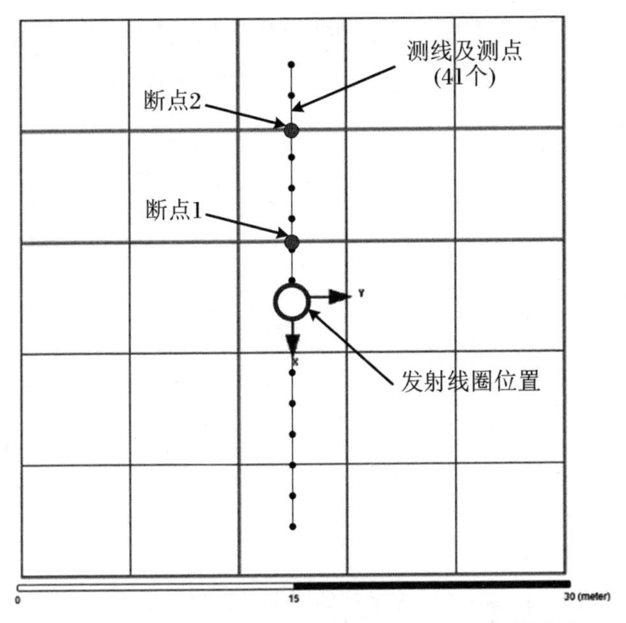

图4.12　单发射多接收时的接地网TEM仿真模型图

发射装置通过地面上的水平环形发射线圈发出阶跃脉冲电流。模拟了等效均匀半空间模型，空间中的土壤电阻率设置为 $\rho=50\ \Omega\cdot\mathrm{m}$，接地网扁钢设计在土壤空间中0.8 m深的位置。接地网扁钢的规格为60 mm×5 mm，网孔数量为5×5，网孔边长为6 m×6 m。发射线圈和接收线圈共圆心，位于测点正上方，且中心点和测点重合。发射线圈半径为1.25 m，发射线圈通以峰值电流为1 A的斜阶跃脉冲电流。接收线圈半径为0.25 m，接收线圈和发射线圈共圆心。斜阶跃脉冲电流关断时间100 μs，采样时间宽度10 μs。

如图4.12所示，此模型模拟的是单发射多接收的情况。断点设置在以下位置：断点2为3号测点；断点1为15号测点；发射线圈位置为21号测点；测线经过的扁钢位置分别为3号、15号、27号和39号测点。图4.13为单发射多接收时的接地网TEM各测点的磁场强度曲线图。图中可看出地网完好的情况下，测线经过发射线圈所处的地网网孔的两条扁钢的位置比较清晰，在图4.13中表现的为15号和27号测点处；而另两处扁钢位置3号和39号测点处基本显示不出磁场异常。而地网存在一处断点时（如图中实线所示，断点为15号），15号测点处本存在磁场异常的情况消失了，5号测点处出现磁场异常；当存在两处断点时（如图中点划线所示，断点为15号和3号）3号和15号测点处的磁场异常消失；由此分析我们可推断出，发射线圈直接作用的地网网格耦合产生的涡流最强，若网格其中一边的扁钢发生断裂，则自动耦合最小封闭的网格产生涡流。这表明瞬变电磁法对地网网格扁钢的探测是极具效果的，也说明了瞬变电磁法探测接地网不适合单发射多接收的阵列采集方式，因为发射线圈作用的相邻网格耦合很弱。

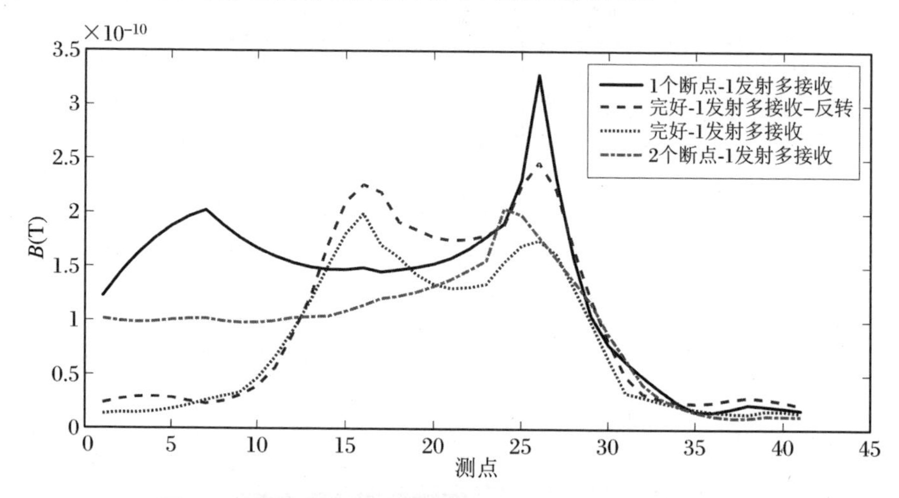

图 4.13　单发射多接收时的接地网 TEM 磁场强度仿真图

作为对比，我们在上述图 4.12 所示的模型中标示的测线及测点位置模拟了单发射单接收的情况，各测点的磁场强度曲线如图 4.14 所示，实线为地网完好时的磁场强度曲线；虚线为存在断点（断点处为 15 号）时的磁场强度曲线。图中可以看出，地网完好时的磁场曲线分布规律，分别在 3 号、15 号、27 号和 39 号测点处出现磁场强度极小值，且在这几个测点周围的磁场强度几乎为极大值。符合发射线圈耦合地网网络，并在封闭网格的扁钢产生涡流的原理。3 号、15 号、27 号和 39 号测点都为扁钢正上方测点，当发射线圈横跨地网扁钢时，耦合抵消出现磁场强度极小值。如图4.14中显示的磁场分布规律，可作为判断地网扁钢位置及扁钢断点的理论依据。

对比图 4.14 和图 4.13 我们可以看出，用瞬变电磁探测接地网单发射单接收比单发射多接收效果更明显。无论在图中地网扁钢的位置还是断点的位置的显示都是如此。我们还可通过另一个模拟结果证明以上的结论。

如图 4.12 所示的地网模型和相同的模型参数，选择通过断点位置的探测范围，设定测线方向和测点间距。设置了 8 条斜跨扁钢的测线，x 轴方向上测点的间距为 1 m，y 轴方向的测点间距为 1 m。经过扁钢正上方的测点，x 轴方向的测点间距为 1 m，y 轴方向的测点间距为 2 m。测点范围的四个顶点坐标为$(-11,13)$，$(-4,13)$，$(2,-13)$和$(9,-13)$。断点位置在$(0,-3)$坐标处，如图 4.15(a)所示。模拟的数据是每个测点位置的二次磁场，采用单发单收的形式，测点位置和发射回线中心点重合。图 4.15(b)为记录的各个测点的二次磁场的三维等值线图，其中圆点代表扁钢正上方的测点位置。图 4.15(b)中可以明显看出在 $x\in[-3,3]$和

$y\in[-9,9]$的两个网格内，相比其他网格内的垂直磁场强度明显很小，两个网格内的磁场“洼地”有毗连情况。

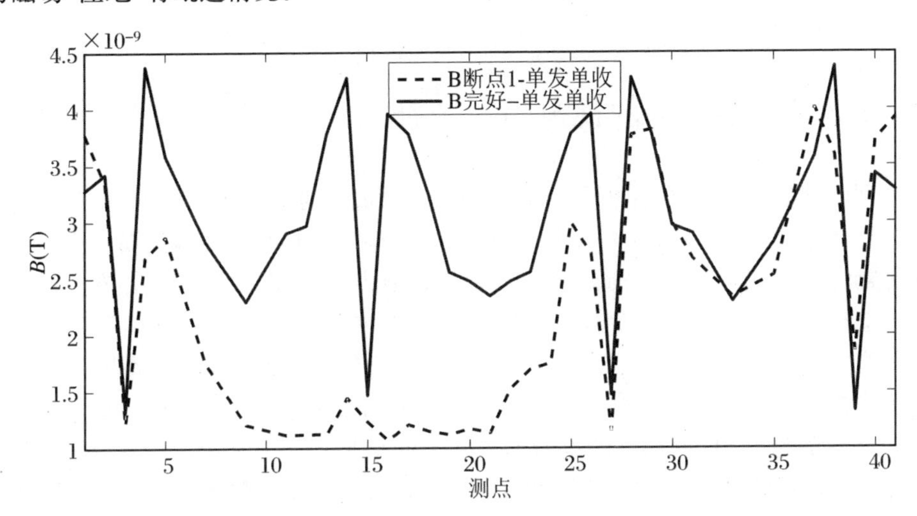

图 4.14　单发射单接收时的接地网 TEM 磁场强度仿真图

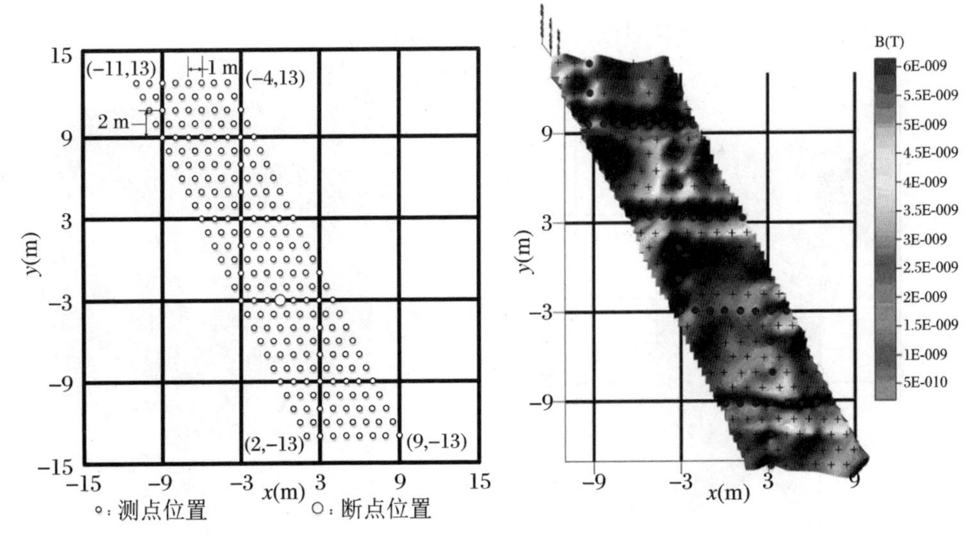

(a) 接地网模型，断点和测点位置（断点(0, −3)）

(b) 二次磁场的三维等值线图（红色的测点为扁钢正上方的测点位置）

图 4.15　扁钢规格为 60 mm × 15 mm，网孔边长为 6 m × 6 m，网孔数量为 5 × 5 的接地网结构及测点模型示意图和二次磁场三维等值面图

瞬变电磁法探测接地网只能使用单发射单接收的单点装置，单发射多接收的阵列型装置难以达到客观检测的效果；瞬变电磁的信号响应在地网的断点处有清晰的特征反映。

4.3.2 接地网的视电阻率特征

利用第3章中介绍的神经网络求视电阻率并成像的方法对仿真记录的磁场数据集进行计算，计算结果如图4.16所示。图4.16中可清晰看出接地网模型扁钢的具体位置和断点位置。x轴方向测点较y轴方向测点密集，图中显示x轴方向扁钢位置较y轴方向清晰。因为发射电流和接地网网格回路的耦合，接地网扁钢正上方显示高阻，扁钢周围则显示低阻，接地网网格中心位置又为高阻。利用瞬变电磁视电阻率扫面成像可清晰分辨接地网的扁钢位置和断点位置。如图4.16所示，在扁钢处显示的是高阻，特别是断点所连的两个网格呈现明显高阻。图4.16(a)显示的是8条斜测线的视电阻率断层切片，图4.16(b)是所有测点的三维视电阻率成像，对成像结果进行视电阻率等值面处理。分低、中、高三个等值面，分别对应白、灰、黑三种颜色。黑色的等值面说明了当电阻率达到某个值的时候，直接在断点位置显示出高阻等值面，这样对断点位置显示更为直观。

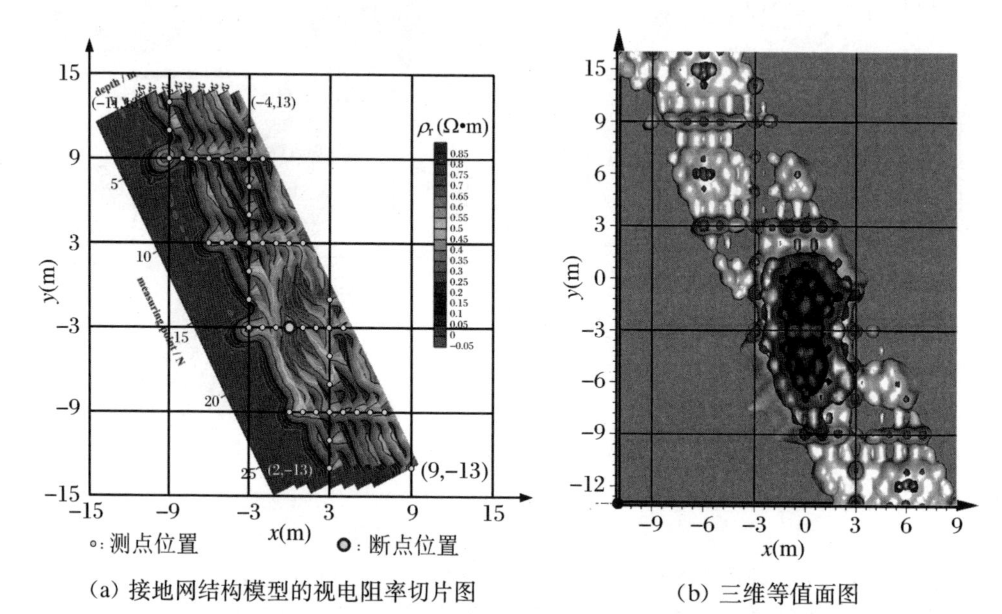

(a) 接地网结构模型的视电阻率切片图　　(b) 三维等值面图

图4.16　图4.15所示接地网模型的视电阻率切片图和三维等值面图

这个仿真模型包含8条测线，每条测线27个测点，共216个测点。训练好的神经网络作为映射盒子，直接计算出 216 个测点的每个采样时刻的视电阻率。计算和保存结果所消耗的时间为 5.403719 s（Inter（R） Core（TM） i7-3770K CPU 3.50 G 3.90 GHz，RAM 16.0 GB），远远小于数值迭代的运算时间，该方法计算视电阻率的精度也满足要求。数值迭代的运算时间与计算视电阻率迭代的次数成正比，而该方法与此无关，显示了神经网络并行处理数据的优越性。

在浙江湖州 110 kV 钟管变电站进行了现场试验，该变电站建成约 20 年，变电站有接地设施和接地网布置的设计图纸作为参考。根据变电站的总体位置规划设计了测量线，如图 4.17 所示。张瑞强[120]在博士论文《变电站接地网接地性能及其故障诊断成像系统研究》中介绍了在钟管变电站诊断接地网性能和故障的工作。确定的故障分支正好与本书介绍的在该变电站用瞬变电磁法快速成像检测的区域位于同一位置，变电站中故障支路的位置如图 4.17 所示，并用实线表示。

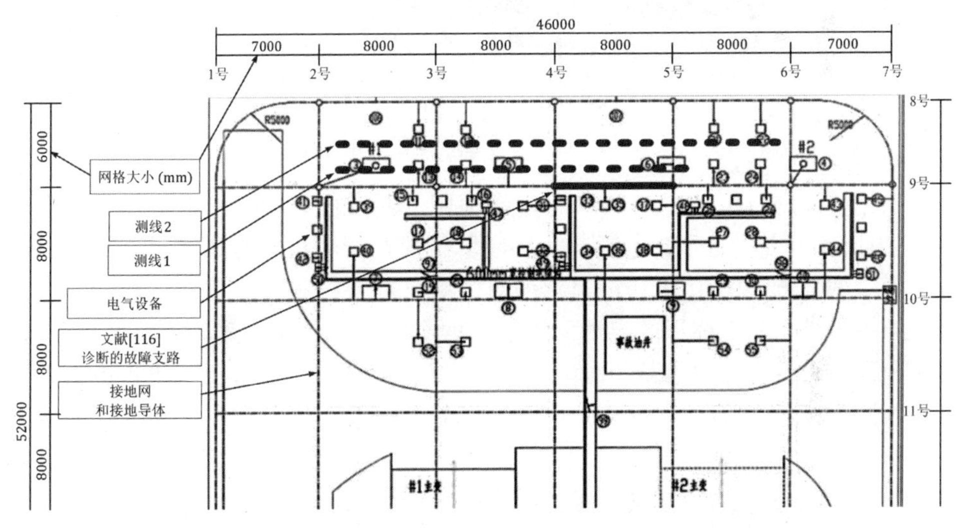

图 4.17　110 kV 钟管变电站接地设施和接地网布置总体位置图（部分）

现场观测时使用的是接地网瞬变电磁探测系统 FCTEM60-1，发射装置发射斜阶跃脉冲电流，峰值幅度为 $I_0 = 13$ A，发射的电流周期为 0.25 s，关断时间为20 μs，采样周期为 0.4 μs。

图 4.17 中显示了 110 kV 钟管变电站电气设备和接地网布置的位置图（部分）。图中标注了测线和接地网扁钢的相对位置，两条测线位于 8 号和 9 号扁钢之间，且连续贯穿 3 号、4 号、5 号扁钢位置，如虚线所示。张瑞强博士在其博士论文中提出的故障分支是横向的 9 号扁钢被纵向的 4 号和 5 号扁钢所截的部分，如图 4.17 中粗实线所示。

将观测的数据导入构建好的 ANN 视电阻率计算程序，计算每个测量的每个采样时刻的视电阻率值。沿着两条测线的视电阻率剖面如图 4.18 所示。为了匹配测线和现场图纸的相对位置,我们把测线 2 的视电阻率剖面图放在了上面,测线 1 放于下面。从图 4.18 中可以看出,在两条测线中测距的 16～26 m 位置之间出现高电阻率特性,并且出现高电阻率连续显示。

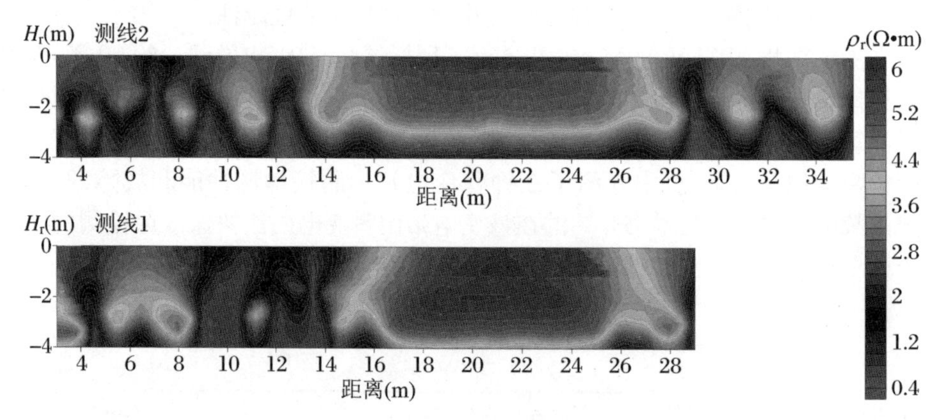

图 4.18　钟管变电站视电阻率剖面图

根据前面的分析,如图 4.16(b)中接地网的断点模型的视电阻率成像结果表明,视电阻率剖面上显示高电阻连片状区域出现在两个相连的网格所共有的扁钢发生断裂的地方。图 4.18 中的显示的两条测线的 16～26 m 范围内的高电阻连片状电阻率特性与仿真模拟的接地网断点处的高电阻率特性一致。除此之外,张瑞强博士所完成的工作中诊断的故障分支也在同一区域,并且与我们的测量结果非常吻合。因此,实证研究表明接地网 9 号扁钢中的 4 号、5 号扁钢之间的部分或附近部分可能会产生腐蚀或断裂。进一步的研究可关注在该异常区域增加测线做有效和细致的测量,以提高检测结果的准确性。

所建立的用于快速成像的 ANN 处理测线 1 的 54 个测点的数据并成像,消耗的时间为 1.35 s;测线 2 的 67 个测点消耗时间为 1.68 s;计算设备的配置为 16 GB RAM,CPU Intel-i7 3.9 GHz。

瞬变电磁接收机在变电站采集的接地网的 TEM 数据,单个测点就包含上万个采样数据,用所提出的方法计算数百个测点的视电阻率仅用几秒钟。因此,该方法在处理接地网检测数据上是非常有利于节省时间的。若映射单个测点,所消耗的时间会更短,因此可以即时显示成像结果。这样就可以实现在变电站中使用 TEM 方法检测接地网实时显示检测结果的目的,计算并瞬时显示一个测点的深度-视电阻率,逐点更新,可以清楚地实时显示接地网的拓扑结构和故障或断点的位置。这很大程度上减少了人力,并在诊断接地网方面很有效。

4.3.3 不同网格尺寸的视电阻率特征

G-TEM方法在变电站接地网断点和故障诊断领域取得了许多积极的成果，考虑了不同程度的故障、接地导线材料、土壤电阻率对感应磁场强度分布的影响，研究了地下管线对接地网故障诊断的影响，还可定位接地网断点和扁钢位置，绘制地网拓扑结构。但以上研究都是在地网网孔边长为2 m的情况下进行的。众所周知，考虑到地网材料和地网的建设成本，大型变电站的地网网孔边长为2 m是不现实的。大多数变电站的接地网设计规格中，网孔边长介于3～8 m之间，有的变电站甚至达到10 m或12 m。

所以，本节分析不同地网网孔边长尺寸的接地网表现的深度视电阻率剖面特征，讨论地网视电阻率剖面在三种观测位置（地网扁钢正上方、地网扁钢旁侧和地网网孔中心）上的电阻率特征。分析和讨论结果对在变电站现场作业判断检测结果有指导意义，避免因没有网格设计图的先验信息而产生的误判断，也为细化G-TEM在大型变电站的实际应用提供分析依据。

首先，我们开发了两个接地网模型来分析三种情况下的视电阻率特征差异。① 分别位于扁钢上方，靠近扁钢和网格中心的三个位置的视电阻率剖面图；② 地网网格边长为3 m和6 m；③ 断点和接地导体缺失。

接地网模型1如图4.15(a)所示，其视电阻率平面图如图4.19所示。

接地网模型2是网格数量3×3，每个网格尺寸6 m×6 m组成。断点的位置用圆圈标出，如图4.20所示。从坐标(3，-3)到(3,3)这段的接地导体是缺失的。此外，在接地网网格的如下坐标：(-9，-3)，(-3，-3)，(-9,3)和(-3,3)范围内网格的边长为3 m，而且在坐标(-3，-3)到(-9,9)之间有一条斜对角线的扁钢，如图4.20所示。图4.20绘制了仿真模型2的探测范围。x轴和y轴上的测点距离都设置为1 m。测量范围的四个顶点坐标是(-7，-5)，(5，-5)，(-7,4)和(5,4)，断点位于(0，-3)的坐标处。

结合图4.19和图4.20可以看出：

(1) 位于扁钢正上方的测点的电阻率为高阻，图4.18中表现得更明显。接地导体连接点处的电阻率比连接点处之间的扁钢上方的电阻率高。接地扁钢附近显示为低阻，地网网格中心显示为高阻。这样，横跨地网网格时，视电阻率图像显示的规律是高、低、高、低和高，高阻处分别对应为扁钢，网格中心和扁钢。以上的讨论是网格边长为6 m的情况。

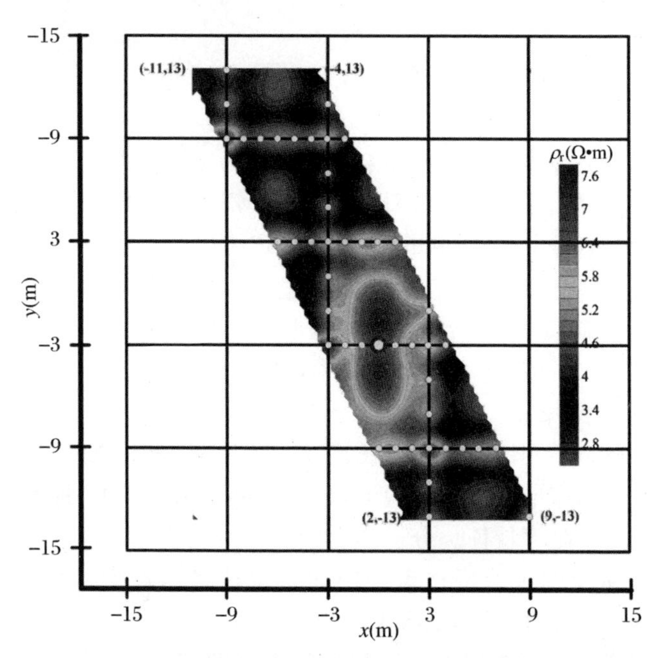

图 4.19　接地网的仿真模型 1 的视电阻率平面图(圆形区域是测量范围)

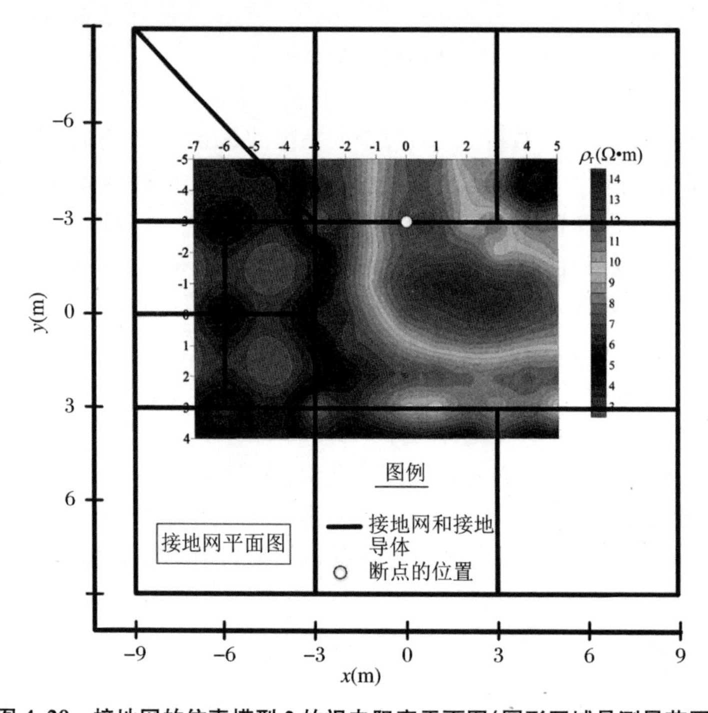

图 4.20　接地网的仿真模型 2 的视电阻率平面图(圆形区域是测量范围)

(2) 图4.20的视电阻率图像也基本符合如上所讨论的电阻率高低分布规律。但是在图4.20中的网格的边长为3 m的区域明显呈现低阻。相比网格的边长为6 m的区域，电阻率低很多。而且3 m区域的地网网格中心的电阻率为低阻，对应的电阻率的量级上几乎为最低级别。我们把图4.20中的测量区域在x轴方向上，从$x=-7$ m到$x=5$ m每间隔1 m做切片，形成13条测线，如图4.21所示。y轴方向的扁钢位置在−3 m，0 m和3 m处，图4.21中的这三个位置都为高阻，而扁钢间为低阻。还可以看出，小边长的网格中心处为低阻，而大边长的网格中心处显示的为高阻。除此之外，大边长网格的正上方为高阻，其附近的区域也显示为高阻，如图4.20中坐标(−3,3)和(5,3)之间的区域所示。而小边长网格区域除了扁钢连接处显示高阻，其他地方都显示低阻。

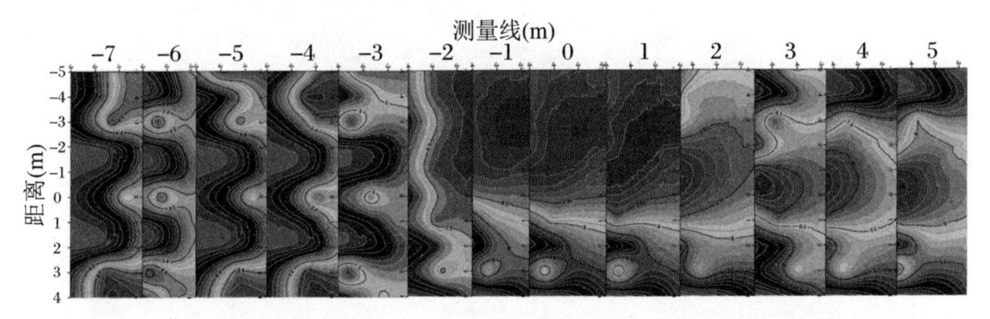

图4.21　接地网结构模型2(图4.20)的视电阻率切片图，包含13条测量线

(3) 断点相连的两个地网网格显示的高阻，对应的阻率的量级最高级别。图4.19和图4.20中，断点处扁钢附近虽为高阻，但比其所处的两个网格中心处的高阻略低。而图4.20中扁钢缺失处显示的是整体性的高阻连片，和断点处的有区别。可以作为判断高阻片区域是断点造成还是扁钢缺失造成的依据。

我们还模拟了三种情况，得到三条靠近网格扁钢的测线，这三条测线分别是：① Tx线圈半径为0.302 m，网格边长为2 m；② Tx线圈半径为0.45 m，网格长度为2 m；③ 网格长度为6 m，Tx线圈半径为0.302 m。所模拟的模型的视电阻率图像如图4.22(a)、(b)和(c)所示。在图(a)和(b)中扁钢位于−3 m，−1 m，1 m和3 m处，图(c)中则位于−9 m，−3 m，3 m和9 m处。(a)、(b)和(c)所示断点分别为−1 m、−1 m和−3 m。

从图4.22可看出，地网的扁钢位置和发生断点的位置在(a)中最明显，而在(b)中显示的不是很明显。特别的是，在(c)中几乎没有看到扁钢和断点的位置。可以确定的是在图4.22的三个图中，在产生断点的位置都会显示连续的高电阻率。

根据以上讨论,我们可以得出以下结论:接地网的拓扑结构检测和故障诊断很难从单一测量线获得清晰、准确的结果。如图 4.22(c)中的视电阻率图像所示,与断点相邻的 -9 m 和 3 m 处的两个扁钢是不确定的,而与断点不相邻的 9 m 处的扁钢是确定的。

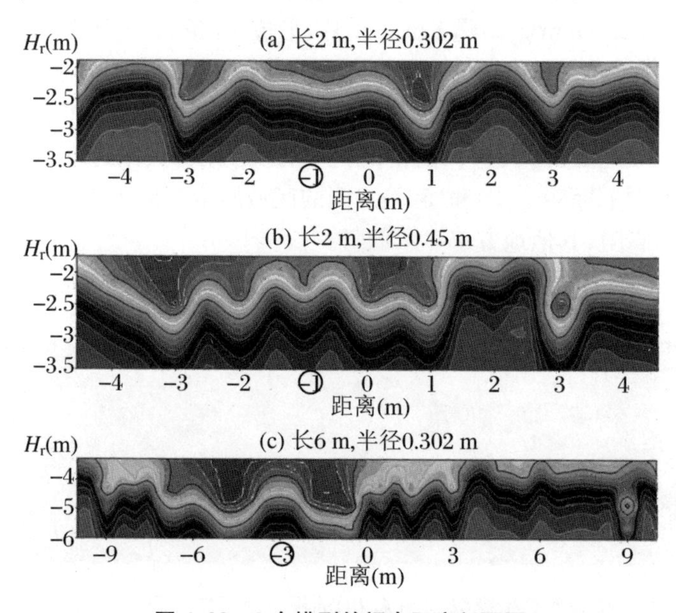

图 4.22　3 个模型的视电阻率剖面图

G-TEM 视电阻率成像是识别扁钢位置和地网网格边长度以及检测接地网断点的绝佳工具。然而,具有大长度和小长度的地网网格的电阻率特征是不同的。虽然小长度网格的电阻率图像更加确定,但这并不代表接地网的拓扑结构检测和故障诊断的真实情况。区域的精细调查是接地网检测的必要工作。

4.4　扁钢粗细的瞬变电磁特征分析及相对腐蚀度的提出

接地网扁钢的粗细直接表征了腐蚀程度的物理特性,本节将深入讨论不同粗细扁钢的瞬变电强特征以及视电阻等特征,并在此基础上提出扁钢的相对腐蚀度概念。

4.4.1　扁钢不同粗细下的瞬变电磁特征分析

在国网武汉南瑞接地网实验场开展了瞬变电磁测试，其接地网试验场接地网为 24 m×24 m，网格间距 4 m，埋设沟宽 0.4 m，深 $h=0.6$ m。其中，A 区采用 60 mm×6 mm 扁钢；B 区采用 40 mm×4 mm 扁钢；C 区采用 20 mm×3 mm，D 区采用 40 mm×4 mm 扁钢，有 4 个断裂口，断口宽度分别为 10 mm，20 mm，30 mm、50 mm，见图 4.23。图中虚线表示跨 AC 区域的 Line_c 测线位置和跨 BD 区域的 Line_x 测线位置，"▲"代表 5 个测点位置，分别是 1～4 号断口位置和完整网格的测点位置，此 5 个测点是为了对比正常区域和断点大小不同附近的相对腐蚀度情况，将在下文讨论。

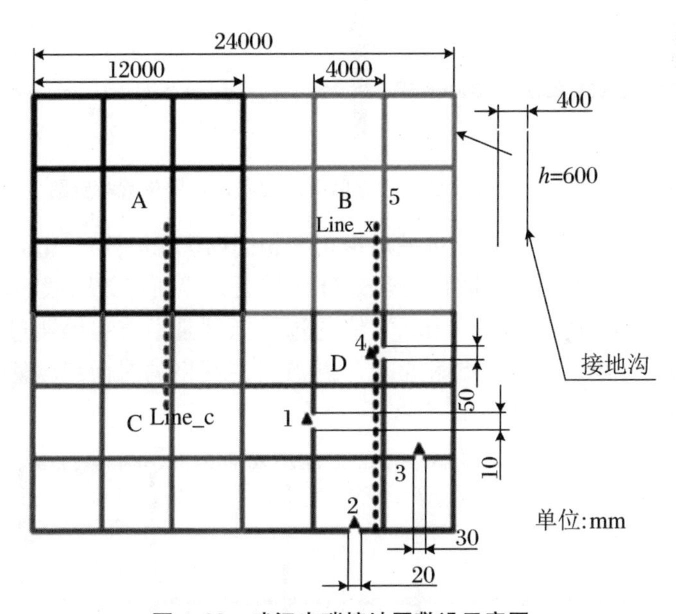

图 4.23　武汉南瑞接地网敷设示意图

根据接地网场地的结构特征，布置了一条测线 Line_c 和 5 个测点，如图 4.23 所示。Line_c 线沿着图示纵向第三根扁钢穿过 AC 区域，该区域内的扁钢粗细分别为 60 mm×6 mm，20 mm×3 mm，测点间距 40 cm，测线经过横向第四根扁钢的位置为测线 440 cm 处。5 个测点，位置分别是 1～4 号断口处和一处完整网格的位置(5 号测点)。其中，5 个测点所在的网格扁钢规格为 40 mm×4 mm(BD 区域)，介于 AC 区域扁钢粗细规格之间。

根据前述瞬变电磁视电阻率的求解方法，利用训练好的神经网络结构算出 Line_c 测线的视电阻率值,并利用成像算法得到测线的视电阻率断面图,如图 4.24 所示,Line_c 测线横跨粗细不同的区域,100～440 cm 为粗扁钢(60 mm×6 mm)区域,480～800 cm 为细扁钢(20 mm×3 mm)区域。

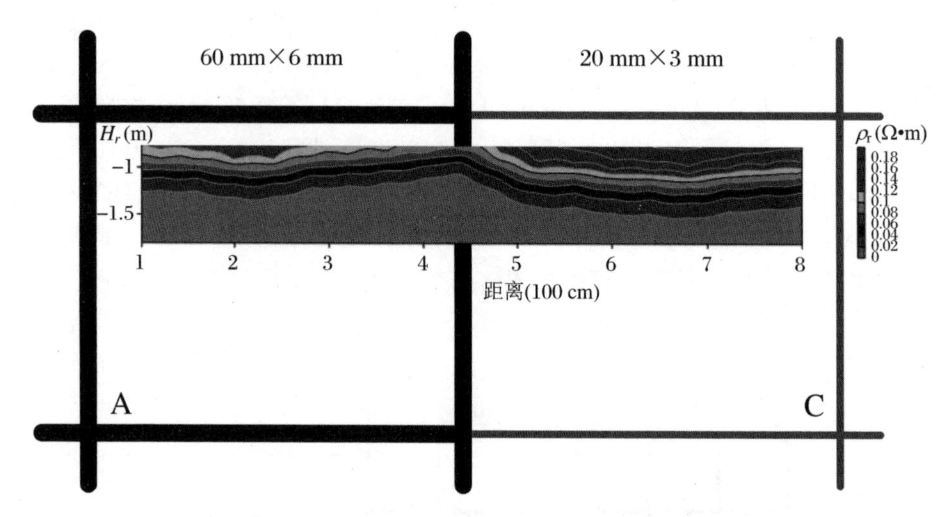

图 4.24　Line_c 测线的视电阻率断面和接地网位置对应图

Line_x 线穿过 BD 区域,该区域扁钢粗细相同(40 mm×4 mm),如图 4.25 所示。以 B 区域作为接地网正常完好区域,D 区域是设置断点的区域,分别在不同位置设置了 1、2、3 和 4 号断点。Line_x 线的选线原则是沿着扁钢通过一个完好网格,分别通过平行经过 4 号断点附近;1 号断点所在网格的对面扁钢侧和处于接地网边缘的 2 号断点所在网格。

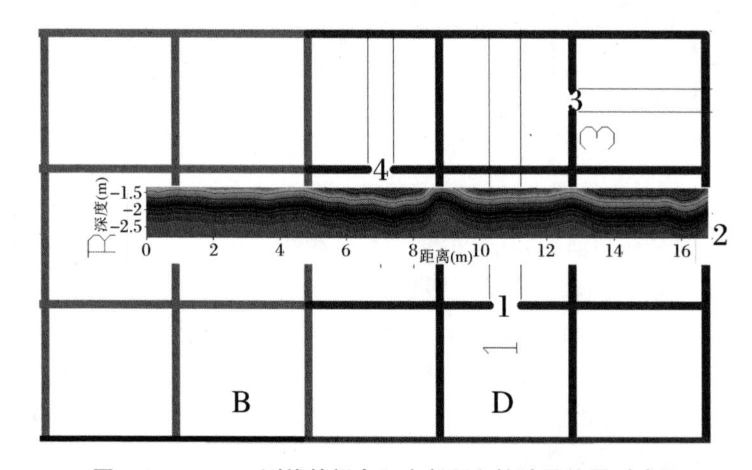

图 4.25　Line_x 测线的视电阻率断面和接地网位置对应图

为了观测断点的影响，我们设置测线穿过 BD 区域。该区域扁钢粗细相同(40 mm×4 mm)，测线通过 4、1 和 2 号断点网格。从图 4.24 和图 4.25 视电阻率断面可以看出，断点所在的三个网格比完好网格的视电阻率明显偏高，且高阻层厚度明显，完好网格的电阻率趋低阻。

综合以上讨论的模型和两条测线的视电阻率剖面，我们可以得到如下分析结果：

(1) 完好和腐蚀的特征区分。Line_c 线沿着扁钢穿过 AC 扁钢粗细不同(60 mm×6 mm 和 20 mm×3 mm)的区域。以 A 区域作为接地网正常完好区域，区域 C 为腐蚀区域。如图 4.24 所示，扁钢位于 440 cm 处，也为完好和腐蚀交界处。测点位置小于等于 440 cm 时为完好地网的测点位置，大于 440 cm 即为腐蚀测点位置，可视为接地网格三边腐蚀的情况。图 4.24 中的视电阻率断面特征可看出在 440 cm 处呈尖端且左右突变的特征，特别在 440～480～520 cm 段电阻率变化较其他地方剧烈；其次，在 0～440 cm 段，电阻率特征为高阻层薄且电阻率值偏低，480 cm 至 880 cm 段电阻率高阻层厚且电阻率值偏高。

(2) 完好和断点的特征区分。Line_x 线穿过 BD 区域，该区域扁钢粗细相同(40 mm×4 mm)，如图 4.23 所示。以 B 区域作为接地网正常完好区域，D 区域是设置断点的区域，分别在不同位置设置了 1、2、3 和 4 号断点。Line_x 线的选线原则是沿着扁钢通过一个完好网格，分别通过 4 号、1 号和 2 号断点所在的网格；由图 4.25 可知，从视电阻率断面中可明显看出，4 号、1 号和 2 号断点所在的三个网格(分别是 480～880 cm 段、880～1280 cm 段和 1280～1680 cm 段)比完好的网格所表现的视电阻率特征有明显偏高，且高阻层厚度明显；完好网格的电阻率表征相对断点区域电阻率表现较低且厚度偏薄。直接经过断点附近的 480～880 cm 段和 1280～1680 cm 段，比经过断点处对面侧扁钢附近的 880～1280 cm 段，电阻率表征阻值稍高、厚度稍厚。

(3) 总结。地网状态完好时，经过每个网格的视电阻率剖面应规则且大致相同。若视电阻率剖面突变阻值变高或高阻区域厚度加深，则意味着进入了断点或具有腐蚀的网格内。视电阻率阻值变高或厚度加深相比完好网格不是变化很大、很剧烈时，腐蚀的可能性较大，若阻值变高且高阻层厚度加深特别明显则可判断为此网格出现断点。

对此我们建立一个模型，通过仿真模型结果与实测结果相对比，从而验证模型的准确性。图 4.26 为武汉南瑞接地网建模和实际场地的取点对应图。粗扁钢规格为 60 mm×6 mm，细扁钢规格为 20 mm×3 mm，圆环为发射线圈(半径为 0.302 m)；分别对应 A 区域扁钢的规格 60 mm×6 mm 和 C 区域扁钢规格20 mm×3 mm，以及实际测量时的发射线圈半径 0.302 m。图 4.26 中的粗点代表在扁钢规格 60 mm×6 mm 的 A 区域中的测点，而细点则代表在扁钢规格 20 mm×3 mm 的 C 区域中的测点。

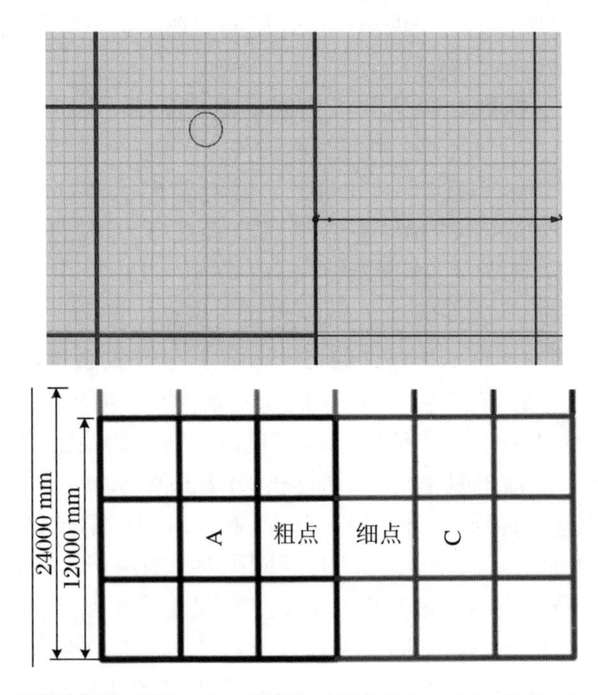

图 4.26 仿真地网和武汉南瑞实验场地地网结构图示(上:建模;下:实际场地)

我们绘制了两个测点的视电阻率曲线，接地网扁钢的粗细对应的视电阻率变化曲线如图 4.27 所示，图中(b)图为(a)图的放大。其中图中的较细曲线是代表地网模型的仿真数据计算的视电阻率变化结果，较粗曲线是武汉南瑞实验场地的实际测量的数据计算的结果；图中的实线都代表腐蚀扁钢规格 20 mm×3 mm，虚线则代表正常扁钢规格 60 mm×6 mm。

图 4.27 中可看出，腐蚀扁钢规格所在的视电阻率变化曲线更陡，说明腐蚀扁钢的视电阻率更高，变化更剧烈；正常规格曲线在腐蚀规格曲线以下，电阻率表现较小；正常曲线较腐蚀曲线差别比例为：第一时间道的视电阻率差别，仿真数据为41.88%，南瑞实测数据为 20.14%；第二时间道的视电阻率差别，仿真数据为 21.9%，南瑞实测数据为 11.2%。

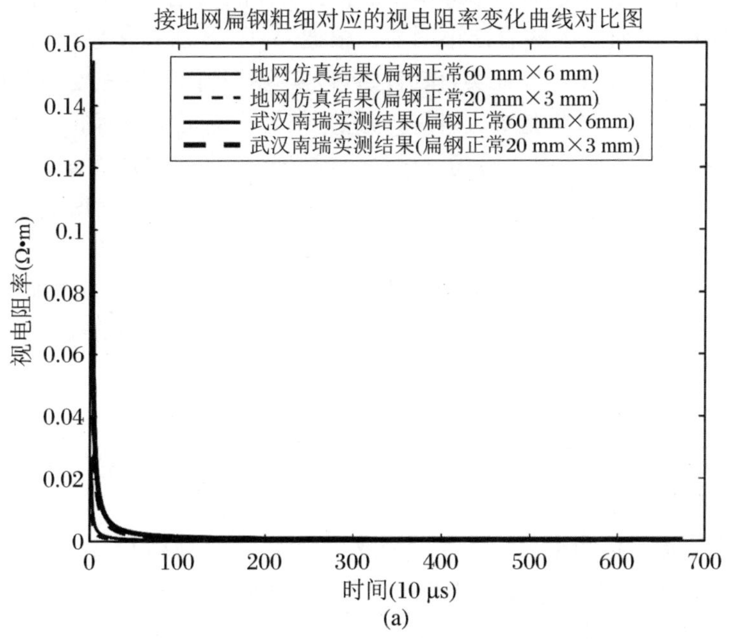

(a)

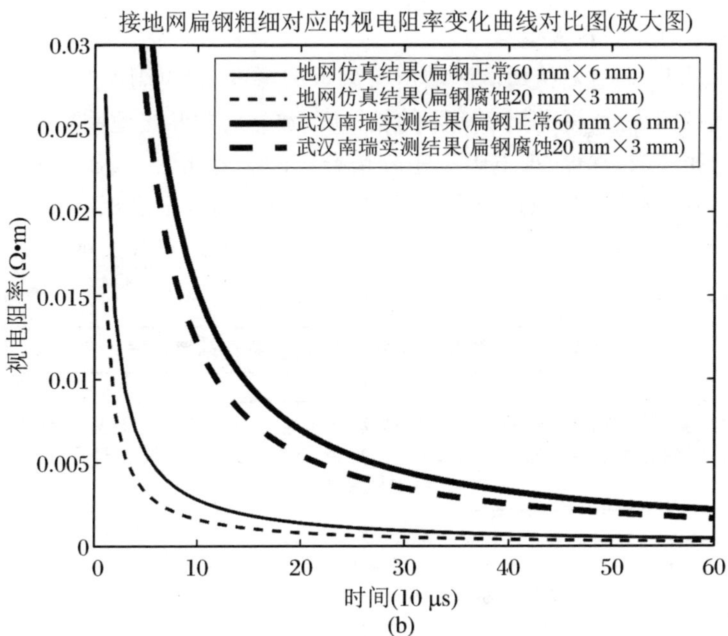

(b)

图 4.27　接地网扁钢的粗细对应的视电阻率变化曲线对比图

通过上面的讨论，我们可以看出瞬变电磁法探测接地网对扁钢的粗细是敏感的，在视电阻率剖面图上的表征很明显。根据 G-TEM 法在接地网网格中的作用的基础理论研究和初步实验证实，该方法可以实现接地网腐蚀程度的量化检测，这在接地网腐蚀检测领域将是重大进展，原理是依据视电阻率剖面的纵向变化特征。图 4.27 为武汉南瑞接地网实验场测试和等规格模型的理论仿真的对比图，纵坐标为视电阻率，横坐标为时间(对应于深度)。针对 60 mm×6 mm(模拟完好扁钢)和 20 mm×3 mm 扁钢(模拟腐蚀扁钢)，仿真和实验有良好的对应，腐蚀扁钢的视电阻率更大，曲线变化更陡，未腐蚀扁钢曲线稍缓，根据该特性，有望实现腐蚀程度的量化检测。但同时也看到，实测和仿真仍有一定误差，除了接收线圈过渡过程影响外，也应该存在 IP 效应未分离的原因。

4.4.2 基于瞬变电磁法的接地网相对腐蚀度

瞬变电磁法视电阻率成像的接地网故障诊断方法(简称 G-TEM 法)是利用神经网络快速求取瞬变电磁接地网的视电阻率，得到深度-视电阻率剖面图。根据 G-TEM 法的涡流传播特性，地网扁钢存在断点或腐蚀与地网完好时在深度-视电阻率剖面的表现是有很大差异的。

在此基础上，通过对接地网区域所有测点的深度-视电阻率矩阵做聚类计算，得到所有测点的深度-视电阻率矩阵的相异度，建立可判断接地网扁钢相对腐蚀状况的定量分析参数，深度-视电阻率矩阵聚类分析流程如图 4.28 所示。在无损非开挖、提高效率、减少损失的基础上，无需地网设计资料，全面探测包括断点、腐蚀和结构的地网信息，量化断点和腐蚀，定量分析扁钢的断点和腐蚀情况，解决无先验信息难题。具体流程如下：

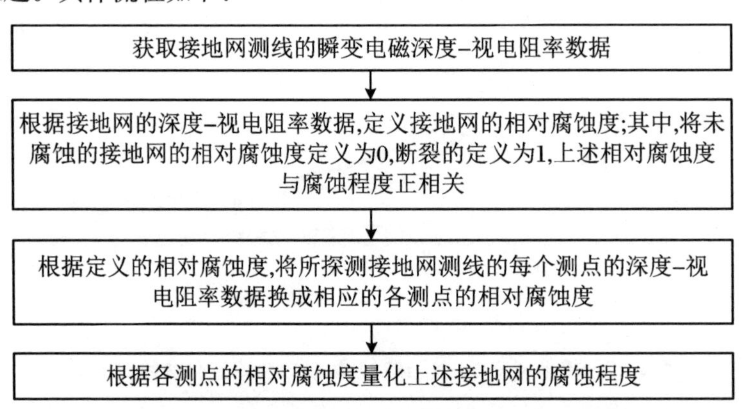

图 4.28　深度-视电阻率矩阵聚类分析流程框图

获取接地网上方测线的瞬变电磁深度-视电阻率的数据和完好地网（仿真模拟或实测）网格上方的瞬变电磁深度-视电阻率数据。根据接地网的感应深度-视电阻率，定义接地网的相对腐蚀度；其中，将未腐蚀的完好接地网的相对腐蚀度定义为 0，断裂的定义为 1。所计算出的测线各测点所处位置的相对腐蚀度与腐蚀程度正相关；将欲诊断的接地网上方各测点的瞬变电磁深度电阻率数据和与其规格相同的完好接地网的瞬变电磁深度-视电阻率数据（可通过仿真模拟或实测）一起输入到所使用的聚类算法；将测线中每个测点的瞬变电磁深度-视电阻率数据换成各测点相对应的相对腐蚀度；根据相对腐蚀度量化接地网的腐蚀程度和断点情况。

通过将接地网的深度-视电阻率数据和接地网的腐蚀程度关联起来，定义相对腐蚀度。在不开挖的前提下，利用瞬变电磁探测接地网的数据量化接地网的腐蚀程度和断点情况，对接地网进行准确评价。

4.5　深度-视电阻率矩阵自组织映射聚类研究

Kohonen 在 20 世纪 80 年代第一次提出了 SOM 算法，由于该算法具有拓扑结构保持、概率分布保持和无导师学习等特性，故其算法已经应用在许多领域来解决识别、图像处理、分类聚类数据分析和预测等类似的问题[119]。

G-TEM 的地网成像结果展示的是深度-视电阻率的分布情况，断点区域和腐蚀区域相对正常区域的深度-视电阻率矩阵表现是完全不同的；而 SOM 神经网络可以通过竞争学习原则使相邻的神经元有类似的矩阵权重向量，对所有测点的深度-视电阻率矩阵进行分类。当 SOM 网络应用于 G-TEM 地网成像结果时，地网的断点、腐蚀和正常区域都将竞争成为获胜者，并且位于获胜者附近的矩阵被纳为邻域范围。根据欧氏距离最小化准则，获胜者以及其邻域内的神经元将会朝地网的断点、腐蚀移动。

用于深度-视电阻率聚类的自组织映射网络模型（SOM）如图 4.29 所示，输入层的神经元跟实际测点相关，每个输入神经元表示 G-TEM 中一个测点的深度-视电阻率矩阵。两个参数（d_r 和 ρ_r）组成的矩阵作为一个输入神经元。第二层是代表输入数据聚类的神经元，是涉及深度-视电阻率矩阵类别的输出层。输出层的每个神经元代表数据的一个聚类，且连接到输入层中的神经元。每个输出神经元的初始化权值向量就是深度-视电阻率矩阵。

SOM 神经网络的竞争学习过程，包括选择规则、获胜者、邻域函数的定义和更新权重的规则。首先应用基于 SOM 的方法来确定哪个输出神经元是输入矩阵的获胜者。然后用邻域函数确定获胜者神经元邻域内其他神经元，并计算获胜者与邻点神经元的距离，也称为邻点强度，以此更新邻域内所有神经元的权值向量。

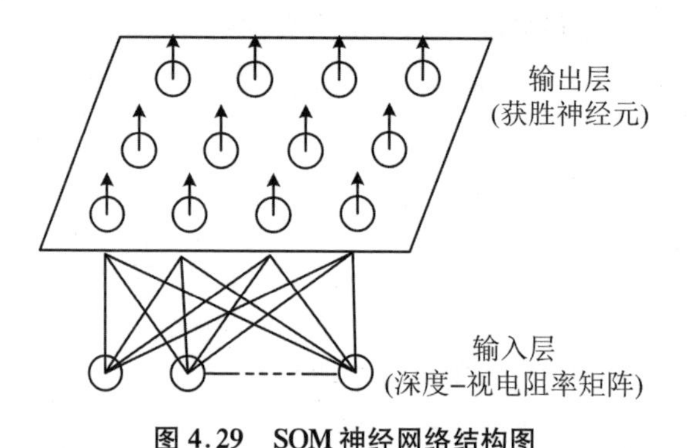

图 4.29　SOM 神经网络结构图

4.5.1　获胜神经元的计算

确定获胜者神经元遵循以下表达式[121]：

$$[P_j] \Leftarrow \min \| \boldsymbol{X}^n - \boldsymbol{W}_i \|_{\text{dis}} \tag{4.1}$$

其中$[P_j]$表示第 j 个神经元是第 n 个输入节点的选择的获胜者。$\boldsymbol{X}^n$ 是属于第 i 个聚类的第 n 个输入向量，第 i 个聚类的中心由 $\boldsymbol{W}_i$ 表示，即是获胜神经元 j 的权值向量(深度–视电阻率矩阵)代表了第 i 个聚类(地网状态类别)。$\| \boldsymbol{X}^n - \boldsymbol{W}_i \|_{\text{dis}}$ 是与相关两个神经元之间的欧氏距离相关的值。获胜者的选择取决于如何在迭代中最小化$\| \boldsymbol{X}^n - \boldsymbol{W}_i \|_{\text{dis}}$。

给出解释输入向量和聚类的中心之间的欧氏距离的方程：

$$| \boldsymbol{T}_n - \boldsymbol{R}_j | = \sqrt{| \boldsymbol{T}_{d_r}^n - \boldsymbol{R}_{d_r}^j |^2 + | \boldsymbol{T}_{\rho_r}^n - \boldsymbol{R}_{\rho_r}^j |^2} \tag{4.2}$$

其中 $\boldsymbol{T}_{d_r}^n$ 和 $\boldsymbol{T}_{\rho_r}^n$ 分别是第 n 个输入节点的深度–视电阻率矩阵中的深度 d_r 向量和电阻率 ρ_r 向量。同理，$\boldsymbol{R}_{d_r}^j$ 和 $\boldsymbol{R}_{\rho_r}^j$ 分别是第 j 个输出神经元的深度 d_r 向量和电阻率 ρ_r 向量。$|\boldsymbol{T}_{d_r}^n - \boldsymbol{R}_{d_r}^j|$和$|\boldsymbol{T}_{\rho_r}^n - \boldsymbol{R}_{\rho_r}^j|$是输入输出神经元之间的深度向量和电阻率向量的欧氏距离，其欧式距离表达式如下所示：

$$| \boldsymbol{T}_{d_r}^n - \boldsymbol{R}_{d_r}^j | = \sqrt{(x_{d_r}^1 - w_{d_r}^1)^2 + (x_{d_r}^2 - w_{d_r}^2)^2 + \cdots + (x_{d_r}^l - w_{d_r}^l)^2} \tag{4.3}$$

$$| \boldsymbol{T}_{\rho_r}^n - \boldsymbol{R}_{\rho_r}^j | = \sqrt{(x_{\rho_r}^1 - w_{\rho_r}^1)^2 + (x_{\rho_r}^2 - w_{\rho_r}^2)^2 + \cdots + (x_{\rho_r}^l - w_{\rho_r}^l)^2} \tag{4.4}$$

当输入向量和聚类中心之间的欧氏距离方程(4.1)满足式(4.2)时，则称为该输出神经元是输入向量 $\boldsymbol{X}^n$ 的最佳匹配或获胜神经元。

4.5.2　邻域更新规则和学习率

获胜者被选中之后，设计邻域更新规则并计算优胜者和邻域神经元的权重，获胜神经元和其他输出神经元一起调整权值。根据与获胜神经元的距离远近，使与获胜者接近的神经元比远离的更容易调整权值。获胜神经元的邻点强度 NS 由下式确定[122]：

$$NS(d,t) = \exp\{-d_m^2/2[\sigma_0\exp(-t/T_1)]^2\} \tag{4.5}$$

式中 $d_m = |\boldsymbol{T}_n - \boldsymbol{R}_j|$ 是输入向量深度-视电阻率矩阵和聚类的中心(深度-视电阻率矩阵)之间的距离，$NS(d,t)$ 表示邻点强度随着距离 d_m 改变，邻域尺寸也随着迭代次数 t 缩小，σ_0 为初始高斯函数宽度，T_1 是使得指数函数 $\exp(-t/T_1)$ 通过迭代衰减到 0 的常数。

网络学习中的步长或学习率也随着迭代而衰减，通常是以一个相对高的学习率开始，让其逐步减小：

$$\beta(t) = \beta_0\exp(-t/T_1) \tag{4.6}$$

其中 β_0 是初始学习率，$\beta(t)$ 是在 t 次迭代后的学习率，T_2 是随着迭代使学习率衰减到一个非常小的常数。

4.5.3　网络权值更新算法

SOM 算法的主要参数有：

以神经网络快速计算得到的深度-视电阻率作为连续输入空间。

以输出类别定义的离散输出空间，地网状态的类别定义输出的神经元个数。

以获胜神经元 j 周围定义随距离和迭代变化的邻域函数 $NS(d,t)$。

学习率参数 $\beta(t)$，其初值 β_0，且随迭代次数 t 递减，但不会递减到 0。

具体算法如下：

(1) 随机生成一组深度-视电阻率矩阵，作为输入层神经元到输出层神经元之间的初始权值；

(2) 从连续输入空间取一个测点的深度-视电阻率矩阵作为输入；

(3) 计算输入向量与每个输出神经元的权值(聚类的中心)之间的欧氏距离，并以最小距离准则选取一个最匹配(获胜)的输出神经元 j；

$$[P_j] \Leftarrow \operatorname{argmin} \| \boldsymbol{X}^n - \boldsymbol{W}_i \|$$

(4) 按照下式更新所有神经元的连接权值向量：

$$\boldsymbol{w}_j(t+1) = \boldsymbol{w}_j(t) + \beta(t)NS(d,t)(\boldsymbol{x}^n - \boldsymbol{w}_i)$$

式中 $\beta(t)$是学习率参数，$NS(d,t)$是获胜神经元 j 周围的邻域函数，$\boldsymbol{x}^n$ 是第 i 个聚类的第 n 个输入节点的深度-视电阻率矩阵，$\boldsymbol{w}_i$ 是第 i 个聚类中心的权值表示，也是深度-视电阻率矩阵。

(5) 重复步骤(2)～(4)。

4.5.4 接地网的深度-视电阻率 SOM 聚类

武汉南瑞真型实验场地的接地网扁钢规格分为粗(60 mm×6 mm)、细(20 mm×3 mm)、中等(40 mm×4 mm)和断点四种情况，可分为粗(正常)、细(腐蚀)和断点三类。

数据输入：所有测点的视电阻率随深度变化的数据集合，为二维向量 $\boldsymbol{x}^n=(d_r,\rho_r)$，$\{x^1,x^2,\cdots,x^n\}$；

初始化 3 个类重心：μ_{norm}，μ_{thin}和 μ_{break}；

迭代更新 3 个类重心，直到收敛；

输出：μ_{norm}，μ_{thin}和 μ_{break}。

图 4.24 是 Line_c 测线的视电阻率断面图，可明显看出电阻率分布随扁钢结构的变化。首先，在 440 cm 处呈尖端且左右突变的特征，特别在 440～480～520 cm 段电阻率变化较其他地方剧烈；其次，在 100～440 cm 段，电阻率特征为高阻层薄且电阻率值偏低，480～800 cm 段电阻率高阻层厚且电阻率值偏高。

图 4.25 所示 Line_x 测线的视电阻率断面图中可明显看出，4 号、1 号和 2 号断点所在的三个网格(分别是 480～880 cm 段、880～1280 cm 段和 1280～1680 cm 段)比完好的网格所表现的视电阻率特征有明显偏高，且高阻层厚度明显；完好网格的电阻率表征，相对于断点区域的电阻率值较低且厚度偏薄。直接经过断点网格、断点处于测线附近的 480～880 cm 段和 1280～1680 cm 段的情况，比经过断点网格、而断点在对面侧扁钢附近的 880～1280 cm 段的情况，电阻率表征的阻值稍高、厚度稍厚。

Line_c 测线和 Line_x 测线中所有测点的深度-视电阻率曲线如图 4.30 和图 4.31所示，由图中可直观看出不同位置下各测点的深度-视电阻率差别。例如：Line_c 测线(图 4.30)的 440 cm 位置，电阻率较其他位置明显偏低且深度偏小；Line_x 测线(图 4.31)同理。我们把 Line_c 测线和 Line_x 测线中所有测点的深度-视电阻率矩阵作为输入应用到 SOM 神经网络，对这些测点进行聚类分析，聚类结果如图4.32和图 4.33 所示。

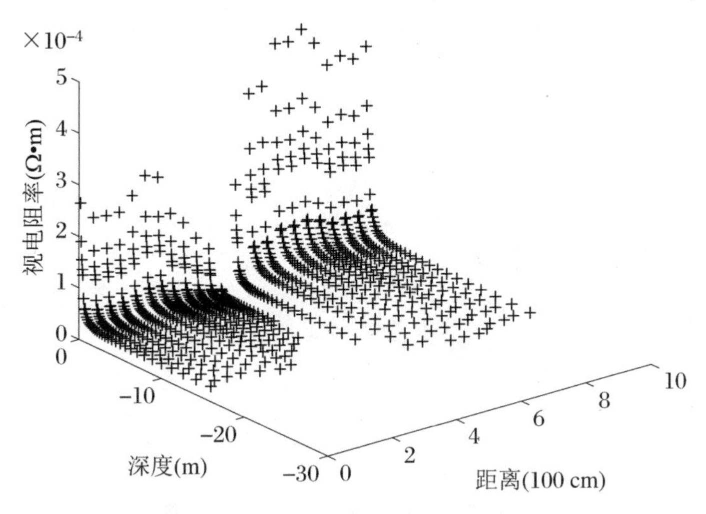

图4.30　Line_c测线的深度-视电阻率图

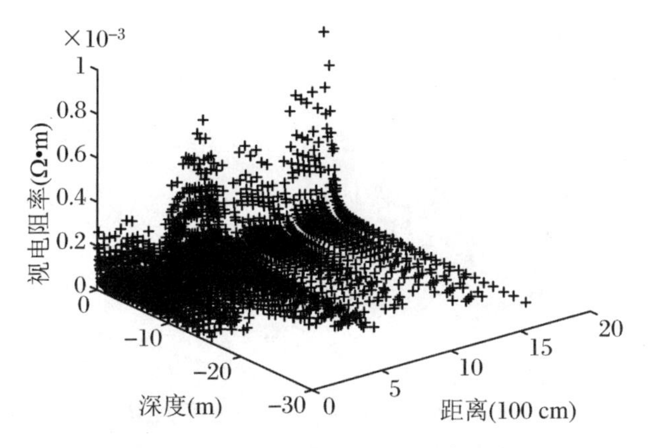

图4.31　Line_x测线的深度-视电阻率图

Line_c测线的聚类结果图4.32显示，所有测点分成3个类，分别为0～360 cm，360～440 cm和520～800 cm，对应的是粗扁钢网格、扁钢位置以及细扁钢网格。480 cm位置显示为粗扁钢网格相同类别，是由在扁钢附近的采集方式造成的，原因是G-TEM收发线圈和地网网格的耦合在扁钢左右的程度不同。

Line_x测线的聚类结果图4.33显示，所有测点分成明显4个区域。“＊”和“○”为正常区域；“◇”为断点处于地网边缘且不能构成回路的区域；“○”和“＋”相间的位置则为扁钢所在处。对应电阻率深度剖面图(图4.25)，Line_x经过完好、断点4、断点1和断点2四个网格；在断点4所处的网格出现“○”和“◇”混交的情况，这是因为网格中心处正是断口4所在位置，且断口有5 cm长度，所以有部分测点被聚类到没形成网格回路的2号断点网格区域。

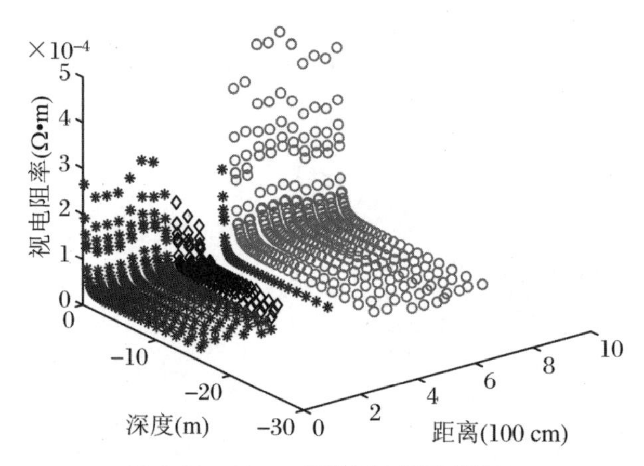

图4.32　Line_c测线测点的聚类结果

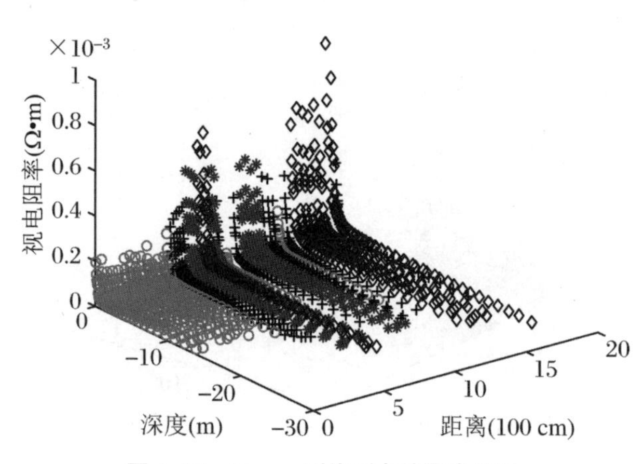

图4.33　Line_x测线测点的聚类结果

4.6　接地网的相对腐蚀度研究

关于接地网扁钢量化腐蚀技术研究，首先通过聚类算法对瞬变电磁得到的地网深度-视电阻率断面图进行聚类分析；对地网的结构进行分类，如扁钢、正常扁钢、腐蚀扁钢和断点四种情况。根据输出的类重心，对每个测点计算类距离，输出每个测点的距离就是接地网的相对腐蚀度。

4.6.1　接地网相对腐蚀度的计算

将仿真模拟的完好网格或实测的完好接地网网格的深度-视电阻率数据作为参考模型，使用聚类算法，将接地网测点的瞬变电磁深度-视电阻率数据转换成相应的相对腐蚀度；根据计算各测点的相对腐蚀度来量化接地网的腐蚀程度。利用各测点的接地网的深度-视电阻率数据与完好地网的深度-视电阻率数据之间的差异度，定义相对腐蚀度，构建接地网测线的瞬变电磁深度-视电阻率和扁钢粗细之间的关系，从而量化接地网的腐蚀程度，流程如图 4.34 所示。

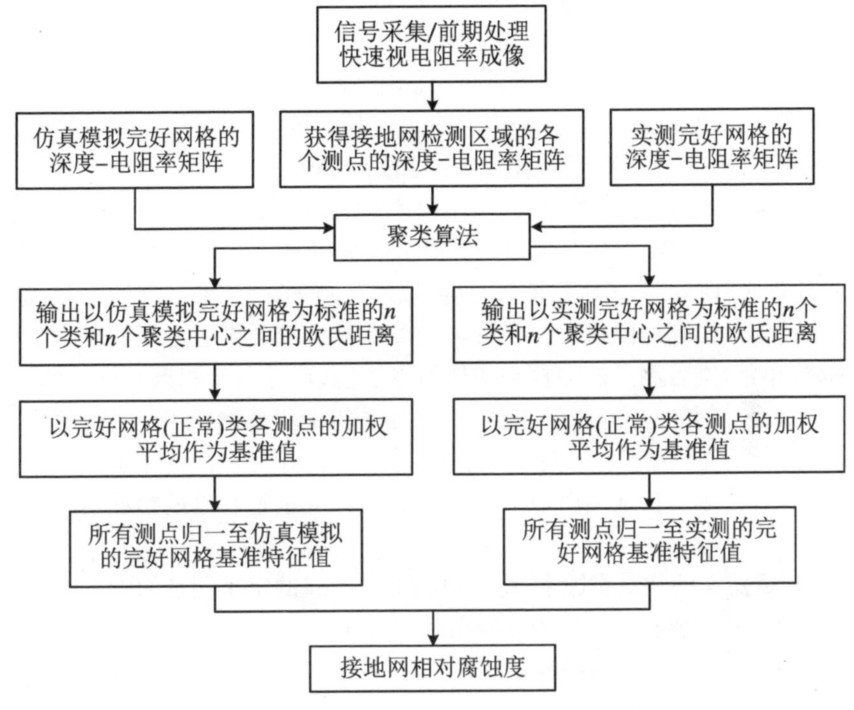

图 4.34　深度-视电阻率矩阵聚类分析流程框图

具体实施步骤如下：

(1) 获取欲诊断接地网测线的瞬变电磁深度-视电阻率数据；获取完好接地网(仿真模拟或实测)网格的瞬变电磁深度-视电阻率数据。

(2) 根据接地网的深度-视电阻率，将未腐蚀的完好接地网的相对腐蚀度定义为 0，腐蚀程度达到 10%相对腐蚀度为 0.1，腐蚀程度达到 20%相对腐蚀度为 0.2，以此类推，断裂的接地网的相对腐蚀度定义为1，测线各测点的所处位置的接地网的相对腐蚀度与腐蚀程度成正相关。

将仿真模拟的完好网格或实测的完好接地网网格的深度-视电阻率数据作为参考模型，使用聚类算法，将接地网测点的瞬变电磁深度-视电阻率数据转换成相应的相对腐蚀度。

SOM神经网络完成该瞬变电磁深度-视电阻率数据转换成相对腐蚀度的具体步骤如下：

① 随机生成一组(数目＝聚类数)深度-视电阻率数据；

② 输入为各测点的深度-视电阻率和仿真模拟的完好网格或实测的已知完好的深度-视电阻率数据；

③ 计算输入向量与每个输出神经元的权值(聚类的中心)之间的欧氏距离，并以最小距离准则选取一个最匹配(获胜)的输出神经元；

④ 更新连接权值向量(随机的深度-视电阻率数据)；

以获胜神经元定义随距离和迭代变化的邻域函数，计算输入向量深度-视电阻率数据和聚类的中心(深度-视电阻率)之间的距离；

⑤ 输出聚类中心的权值(深度-视电阻率)以及每个输入神经元(深度-视电阻率)和聚类中心的距离(以仿真模拟完好网格或实测的已知完好网格为标准)；

⑥ 计算所有测点与正常扁钢(仿真模拟或实测)的类中心之间的距离；输出以仿真模拟或实测的完好网格为标准的 n 个类和 n 个聚类中心之间的欧氏距离；以完好网格(正常)类各测点的加权平均作为参考值；计算所有测点与仿真模拟或实测的完好网格之间的距离；此距离值作为各个测点的接地网的相对腐蚀度并输出；

⑦ 得到所有测点相对完好网格地网接地导体的相异度的量化指标，这个相异度的量化指标代表了接地网扁钢粗细的特征，也就是腐蚀程度的情况，我们称为相对腐蚀度。

(3) 根据定义的相对腐蚀度，将接地网上方测线的每个测点的瞬变电磁深度-视电阻率数据转换成相应的各测点的相对腐蚀度。

(4) 根据接地网上方测线各测点的相对腐蚀度变化曲线对上述接地网的腐蚀程度进行评价。

实际测试中，各测点以腐蚀程度通过相对腐蚀度值来衡量，相对腐蚀度值为与接地网所有网格导体粗细的相对差异值。我们约定相对腐蚀度介于[0,1]之间，若相对腐蚀度为0或≈0，认为没有腐蚀；相对腐蚀度越大表明腐蚀程度越高，腐蚀越严重，当为1时，表明其为断裂状态。

4.6.2　真型实验场地的相对腐蚀度分析

我们将武汉南瑞实验场地的深度-视电阻率数据转化成相对腐蚀度。测线 Line_c 横跨粗扁钢(规格 60 mm×6 mm)和细扁钢(规格 20 mm×3 mm)区域,可以认为粗规格扁钢为完好的地网部分,而细扁钢为腐蚀过的地网部分。我们以4.4节所计算的 Line_c 深度-视电阻率数据数据为对象。

Line_c 测线各测点的相对腐蚀度值的结果如图 4.35 所示。由图可看出,100~440 cm(包括 440 cm)在粗扁钢网格内,相对腐蚀度接近零;480~800 cm 的相对腐蚀度偏大,在接地网扁钢特征的对应是扁钢横截面小。图 4.35 中可明显看出横跨扁钢粗细区域的相对腐蚀度的曲线特征,当由扁钢正常区域进入扁钢腐蚀区域时,相对腐蚀度曲线有明显的变化。

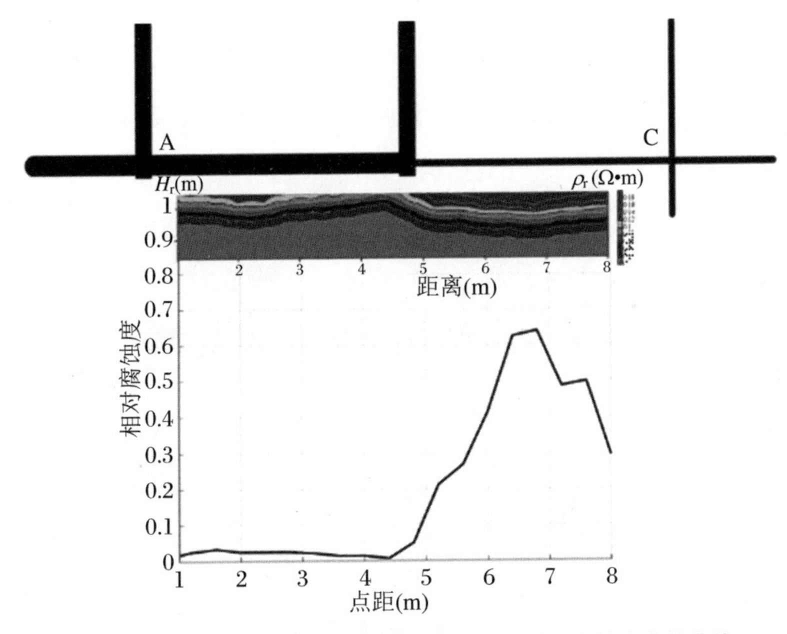

图 4.35　武汉南瑞横跨扁钢粗细不同区域的相对腐蚀度变化曲线

图 4.36 所示的是武汉南瑞场地(图 4.23)中 D 区域中 4 个断口位置的相对腐蚀度和 B 区域完好网格中的相对腐蚀度数值对比图。如图 4.36 所示,图中 5 个测点的相对腐蚀度数值依次为 2>1>4>3>5,其中完好网格的 5 号位置的相对腐蚀度最小靠近 0,2 号位置的相对腐蚀度为 1,2 号测点所在的网格没达到封闭状态(条件)。

1～4 号断口位置中,2 号断点位置在接地网边缘,不具有环路性质,相对腐蚀度最大;如图 4.23 地网铺设图所示,1 号断点位置所处网格左边扁钢共用 C 区的最细扁钢,故 1 号点相对腐蚀度其次,而其断口长度仅 10 cm,故其只比 4 号断口长度 50 cm 的相对腐蚀度数值略大;断口 3 和断口 4 网格尺寸和结构相同,但 4 号断口的断口长度为 50 cm,3 号为 30 cm,所以 4 号点比 3 号点相对腐蚀度数值大。

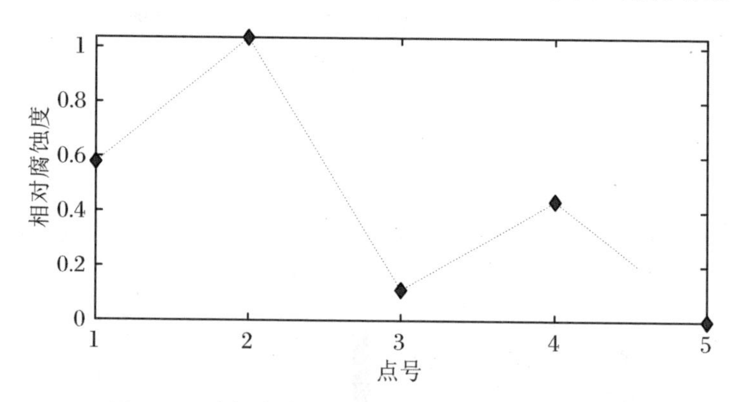

图 4.36 武汉南瑞 5 个测点的相对腐蚀度变化曲线

综合图 4.35 和图 4.36 的相对腐蚀度值曲线图,可看出以标准地网的深度-视电阻率数据为参考,能得出以扁钢粗细为判断依据的腐蚀情况。

4.7 重庆凉亭变电站相对腐蚀度探测实例验证

由于重庆 220 kV 凉亭变电站投运已 44 年,变电站接地网相关图纸已无法获得,为确认接地网位置及腐蚀情况,前后进行了三次瞬变电磁法接地网状态检测,如图 4.37 所示。确定了对 9 处具有典型特征的位置进行开挖,均发现了不同程度腐蚀的接地网扁钢,实验中发现的两处严重腐蚀的接地网扁钢,均已投运三十余年;同时,开挖发现的三处腐蚀较轻的接地网扁钢,均处于 2010 年新增的两个间隔,充分验证了该研究成果在接地网状态检测及故障诊断应用中的准确性和实用性。开挖的扁钢样品尺寸如表 4.2 所示。

开挖 10 处,获得 9 个扁钢尺寸数据,1 个照明线钢管,1 个线缆和 1 个通电线缆钢管。如图 4.37 所示。

图4.37　重庆凉亭变电站开挖现场图

表4.2　凉亭变电站地网开挖扁钢样品尺寸

位置 (m)	样本	方向	S=横截面积 mm^2 尺寸(mm×mm)	深度 (cm)
5	扁钢	主	182.16 (腐)4.6×39.6	64
10	照明线钢管	横向	D=33 mm	26
12	扁钢	主	172.86 4.3×40.2	48
		支	119.77 5.9×20.3	48
24	导线线缆	横向	D=30 mm	40
25	扁钢	主	198.9 6.9×41 (腐)5.2×39	30
29	扁钢	主	282.4 5×56.48	55
33	扁钢	主	356.85 5×58	64
	通电导线钢管	横向	D=34 mm	38
36	扁钢	主	199.2 4×49.8	55
		支	133.76 3.32×40.03	60
40	扁钢	支	226.24 5.6×40.4	55

瞬变电磁视电阻率剖面图和以此为基础计算的相对腐蚀度曲线如图 4.38 所示。图中也标注了扁钢数据样本和线缆钢管的相对位置。图中可看出,测点横跨扁钢、线缆及钢管处,明显表现低阻。相对腐蚀度表征呈尖锐状的低值。

从图 4.38 上的视电阻率剖面可看出,电阻率值最高处为 4～8 m 处和 20～25 m处。从开挖结果来看,这两处的腐蚀情况最为严重。

4～8 m 处,扁钢样本测量横截面为 4.6 mm×39.6 mm,其视电阻率断面图表现为高阻区,相对腐蚀度表现为高腐蚀区域。在扁钢的横截面表现上,这一段扁钢截面(182.16 mm^2)较其他处截面(接近 200 mm^2 及以上)略小。如 14 m 处,截面为 172.86 mm^2,为最小,相对腐蚀度几乎最高。

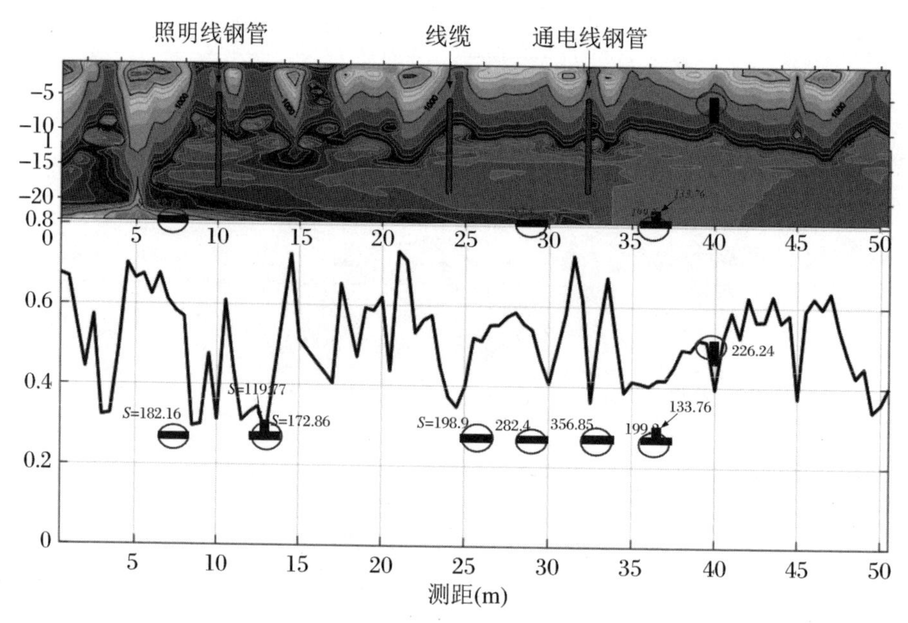

图 4.38　凉亭变电站探测全信息对应图

25～30 m 处扁钢样本,最厚处为 6.9 mm,最薄处为 5.1 mm;最宽处为 41.0 mm,最窄处为 39.0 mm,视电阻率断面图表征较前一高阻区域电阻率稍低,相对腐蚀度值也略低。

36～40 m 处横向扁钢截面为 226.24 mm^2,则相对腐蚀度表现比其他区域较低,可判断为轻度腐蚀区域。且视电阻率断面图表现也为低阻带。

以上研究验证了以瞬变电磁深度-视电阻率数据评价接地网腐蚀程度是可行的。符合扁钢横截面积越小,计算所得的相对腐蚀度均值越大,反之亦然的特征。

本章小结

本章详细介绍了瞬变电磁法快速成像在变电站接地网探测中的应用及分析方法，归纳整理了从实测数据到快速获得地网的视电阻率剖面，再依据深度-视电阻率数据定量评价地网的腐蚀情况，提出了地网的相对腐蚀度定义。

(1) G-TEM 在工频噪声环境下的变电站工作，信号的预处理工作决定了观测数据的可靠性和对地网探测的真实性、有效性。

(2) 分析了接地网的瞬变电磁特征，包括断点的信号特征和视电阻率特征以及地网网格不同尺寸的情况下的视电阻率剖面，根据各种情况下的特征分析奠定了全面探测分析接地网信息的基础。

(3) 变电站接地网故障诊断和拓扑结构检测会产生大量瞬变电磁数据，用神经网络快速成像方法提高了检测接地网故障和拓扑结构的效率，如 216 个测点所消耗的时间为 5.403719 s。模拟数据的结果和变电站实测数据结果验证了该快速解决方案的有效性和准确性。

(4) 根据在武汉南瑞接地网故障模拟实验场上开展的瞬变电磁法现场测试结果成功判断了接地网扁钢的粗细差异和断点显示差异。并提出了基于瞬变电磁视电阻率成像的接地网腐蚀程度评价方法，对地网的腐蚀程度做了分类，并在此基础上定义了相对腐蚀度。通过比对完好接地网的视电阻率单网格对接地网腐蚀程度进行量化评价。

(5) 国网武汉南瑞实验场地的接地网瞬变电磁实验和凉亭变电站的现场测试结果验证了通过对 G-TEM 深度-视电阻率数据聚类判断地网腐蚀度的有效性，计算结果说明接地网视电阻率聚类分析可对测区内的网格做有效分类，可清晰地分辨扁钢粗细和断口情况，达到量化腐蚀程度的目的。

(6) 对接地网腐蚀程度的判断有以下两点应用前景：

① 可对某一规格的接地网扁钢建立基准数据库，对其他变电站使用相同规格的接地网扁钢做视电阻率聚类分析，对比基准数据库得到该变电站的接地网腐蚀状况。

② 对新建变电站做视电阻率聚类分析，输出相对腐蚀度值，每隔一定时间做一次视电阻率聚类分析，建立数据库。对比最初的相对腐蚀度值，得到该变电站接地网扁钢随时间周期的变化腐蚀情况。

第5章　结语与展望

现代工程地球物理勘探和检测仪器正朝实时性显示和智能化测量的方向发展，TEM的快速实时视电阻率成像也符合工程人员随时观看调查结果的期望。本书研究了电磁探测领域的瞬变电磁快速成像技术，论证了瞬变电磁法在接地网检测及故障诊断方面的实用性研究。所研究的神经网络瞬变电磁快速成像技术，可解决工程勘查以及变电站接地网检测中实时有效的成像问题；并在此基础上，对变电站接地网的故障诊断和扁钢腐蚀程度进行量化评价，对促进SMT-(传感和测量技术)导向的智能电网检测技术的发展具有理论指导和实用参考价值。

5.1　主要研究成果和结论

(1) 人工神经网络(ANN)求解瞬变电磁视电阻率是针对瞬变电磁法视电阻率成像耗时的问题，根据瞬变电磁装置接收的信号不同，采集数据为感应电压和垂直磁场所需要的神经网络映射结构。针对神经网络视电阻率求解的结构优化问题，神经网络的权值及其隐含层节点个数的确定方法不限于书中所提方法，关于网络结构的优化问题也是机器学习与深度学习领域的研究热点。

自变量输入模式的神经网络求解视电阻率是利用某采样时刻下的感应电压数据和电阻率值之间的对应关系，把采样时刻和感应电压数据一起作为输入变量，视电阻率作为输出变量。

非线性方程模式的神经网络求解，利用核函数和瞬变场参数之间的一一对应的特点建立单输入单输出的对应关系，建立人工神经网络后，记录的TEM数据可以直接通过ANN映射出视电阻率，这种方法可以达到快速计算视电阻率并成像的目的，避免了初始模型的设置和耗时的迭代；以高阻异常体的瞬变电磁正演模型作为算例验证了该方法的准确性和有效性。

遗传算法优化神经网络的权值和基于Pareto非支配排序差分进化优化神经网络隐含层节点个数和权值矩阵，以龙兴变电站的接地网数据作为算例并对比了常规处理方法的结果；广南大坝地质调查数据验证了该方法的准确性并对比了与常规方法的时间消耗和准确性。

神经网络计算瞬变电磁视电阻率方法在小线圈领域的技术应用，是发射线圈半径小于等于2.8546 m的情况下，瞬变场参量 u 的取值都能保证在$[10^{-6},1.6]$内的范围内。在这个条件下，采集的 B_z 和 ε_c 相对瞬变场参量 u 的值都是一一对应的，都可直接建立ANN用来将瞬变场参量 u 的值与 B_z 和 ε_c 的归一化响应数据进行映射。

对于发射线圈半径大于2.8546 m感应电压和视电阻率存在多解的问题可利用时窗映射的神经网络求解方法，建立不同时窗点的感应电压的神经网络，直接输出该时窗所对应的视电阻率值，避免了感应电压的多解性。

(2) 针对现阶段接地网检测需要全面探测的问题，可得出接地网的瞬变电磁特征，包括断点的信号特征和视电阻率特征以及地网网格不同尺寸的情况下的视电阻率剖面，这些各种情况下的特征奠定了全面探测分析接地网信息的基础；基于此，利用神经网络快速求解大量的用于变电站接地网故障诊断和拓扑结构检测的瞬变电磁数据的具体实施方案完备可行，可直接得到接地网腐蚀检测的地网扁钢不同粗细下的瞬变电磁的信号特征和视电阻率剖面特征。

快速检测接地网故障和拓扑结构的具体实施方案，利用神经网络快速求解大量的用于变电站接地网故障诊断和拓扑结构检测的瞬变电磁数据，以模拟的216个测点数据所消耗的时间为5.403719 s的结果和变电站实测数据结果，也验证了该快速解决方案的有效性和准确性。

以地网视电阻率剖面在三种观测位置(地网扁钢正上方，地网扁钢旁侧和地网网孔中心)上的电阻率特征为例，不同地网网孔边长尺寸可表征不同的接地网表现的深度视电阻率剖面特征。

根据武汉南瑞的试验场地数据和模拟仿真数据，扁钢不同粗细所引起的瞬变电磁深度-视电阻率特征差别作为相异度，用聚类方法对接地网的腐蚀情况分类，输出完好，腐蚀及断点的类别。

以武汉南瑞试验场地数据为依据，可提出完备的基于瞬变电磁视电阻率成像的接地网腐蚀程度评价方法，在对地网的腐蚀程度聚类的基础上定义了相对腐蚀度，通过比对完好接地网的视电阻率单网格对接地网腐蚀程度进行量化评价。

(3) 以凉亭变电站的现场测试结果验证了通过对G-TEM深度-视电阻率数据聚类判断地网腐蚀度的有效性，现场的开挖结果说明了接地网相对腐蚀度的结果和扁钢的粗细程度的是相吻合的；这样对新建变电站做视电阻率聚类分析，输出相对腐蚀度值，每隔一定时间做一次视电阻率聚类分析，建立数据库；对比最初的相对腐蚀度值，得到该变电站接地网扁钢随时间周期的变化腐蚀情况。

5.2 进一步研究工作

围绕瞬变电磁的成像技术和变电站接地网的腐蚀度检测技术，拟进一步开展以下工作：

(1) 本书的研究是以理想场源下的均匀半空间瞬变电磁理论为基础，均匀半空间不能代表真实的地下结构分层情况。进一步的研究可以层状模型的电磁理论为基础，研究出快速成像算法，更贴合真实地质模型。

(2) 以变电站接地网的瞬变电磁深度-视电阻率剖面为基础而定义的相对腐蚀度，是建立在所有地网测点的权重是相同的基础上的。在真实情况下，靠近扁钢和在网格中心处的权重应该不同。再者，当同一个变电站的地网规格不同的情况下，也需要进行细致的进一步研究。

(3) 该方案可以嵌入到接地网 TEM 系统中，也可以嵌入一个自动控制程序组成一个地网检测机器人。地网检测机器人可以实现接地网监控，也可以成为智能变电站智能检测系统的重要组成部分。

参考文献

[1] 何金良，曾嵘. 电力系统接地技术[M]. 北京：科学出版社，2007：367-369.

[2] Electrical Construction Standard Formulation Technical Committee. IEEE Std. 80 - 2000 Guide for Safety in AC Substation Grounding[S]. New York：IEEE. Inc.，2000.

[3] Electrical Construction Standard Formulation Technical Committee. IEEE Std 81 - 2012. IEEE Guide for Measuring Earth Resistivity，Ground Impedance，and Earth Surface Potentials of a Ground System[S]. New York：IEEE. Inc.，2012.

[4] DL/T 596—2005.电力设备预防性试验规程[S].北京：中国电力出版社，2005.

[5] DL/T 393—2010.输变电设备状态检修试验规程[S].北京：中国电力出版社，2010.

[6] Ward S H，Hohmann G W. Electromagnetic Theory for Geophysical Applications [M]//Electromagnetic Methods in Applied Geophysics：Voume 1，Theory. Society of Exploration Geophysicists，1988：130-311.

[7] 曾喆昭. 神经计算原理及其应用技术[M]. 北京：科学出版社，2012：11，55.

[8] Chang C Y，Xiu Y R，Yun H L，et al. Review on Airborne Electromagnetic Inverse Theory and Applications[J]. Geophysics，2015，80(4)：W17-W31.

[9] Auken E，Boesen T，Christiansen A V. A Review of Airborne Electromagnetic Methods with Focus on Geotechnical and Hydrological Applications from 2007 to 2017 [J]. Advances in Geophysics，2017，58：47-93.

[10] Kirkegaard C，Auken E. A Parallel，Scalable and Memory Efficient Inversion Code for Very Large-Scale Airborne Electromagnetics Surveys[J]. Geophysical Prospecting，2015，63(2)：495-507.

[11] Christensen N B. Fast Approximate 1D Modelling and Inversion of Transient Electromagnetic Data[J]. Geophysical Prospecting，2016，64(6)：1620-1631.

[12] Yang D，Oldenburg D W，Haber E. 3D Inversion of Airborne Electromagnetic Data Parallelized and Accelerated by Local Mesh and Adaptive Soundings[J]. Geophysical Journal International，2013，196(3)：1492-1507.

[13] Haber E，Schwarzbach C. Parallel Inversion of Large-Scale Airborne Time-Domain Electromagnetic Data with Multiple OcTree Meshes[J]. Inverse Problems，2014，30(5)：055011.

[14] Schaa R，Fullagar P K. Rapid，Approximate 3D Inversion of Transient Electromagnetic

(TEM) Data[M]//SEG Technical Program Expanded Abstracts 2010. Society of Exploration Geophysicists, 2010: 650-654.

[15] Yu C, Fu Z, Wu G, et al. Configuration Detection of Substation Grounding Grid Using Transient Electromagnetic Method[J]. IEEE Transactions on Industrial Electronics, 2017, 64(8): 6475-6483.

[16] Beamish D. An Assessment of Inversion Methods for AEM Data Applied to Environmental Studies[J]. Journal of Applied Geophysics, 2002, 51(2-4): 75-96.

[17] Auken E, Christiansen A V. Layered and Laterally Constrained 2D Inversion of Resistivity Data[J]. Geophysics, 2004, 69(3): 752-761.

[18] Siemon B, Auken E, Christiansen A V. Laterally Constrained Inversion of Helicopter-Borne Frequency-Domain Electromagnetic Data[J]. Journal of Applied Geophysics, 2009, 67(3): 259-268.

[19] Brodie R, Sambridge M. A Holistic Approach to Inversion of Time-Domain Airborne EM[J]. ASEG Extended Abstracts, 2006, 2006(1): 1-4.

[20] Kirkegaard C, Andersen K, Christiansen A V, et al. Rapid Inversion of Large Airborne AEM Data Datasets Utilizing Massively Parallel Co-Processors[C]//First European Airborne Electromagnetics Conference. 2015.

[21] Oldenburg D W, Li Y. Inversion for Applied Geophysics: A Tutorial[J]. Investigations in Geophysics, 2005, 13: 89-150.

[22] Constable S C, Parker R L, Constable C G. Occam's Inversion: A Practical Algorithm for Generating Smooth Models from Electromagnetic Sounding Data[J]. Geophysics, 1987, 52(3): 289-300.

[23] Farquharson C G, Oldenburg D W. Non-Linear Inversion Using General Measures of Data Misfit and Model Structure[J]. Geophysical Journal International, 1998, 134(1): 213-227.

[24] Vignoli G, Fiandaca G, Christiansen A V, et al. Sharp Spatially Constrained Inversion with Applications to Transient Electromagnetic Data[J]. Geophysical Prospecting, 2015, 63(1): 243-255.

[25] Abubakar A, Habashy T M, Druskin V L, et al. 2.5D Forward and Inverse Modeling for Interpreting Low-Frequency Electromagnetic Measurements[J]. Geophysics, 2008, 73(4): F165-F177.

[26] Saad Y. Iterative Methods for Sparse Linear Systems[M]. Philadephia: Siam, 2003: 187-196.

[27] Press W H. Numerical Recipes in Fortran 77: The Art of Scientific Computing[M]. Cambridge: Cambridge University Press, 1992: 413-418.

[28] Menke W. Geophysical Data Analysis: Discrete Inverse Theory[M]. NewYork: Academic Press, 2018: 61-76.

[29] Hestenes M R, Stiefel E. Methods of Conjugate Gradients for Solving Linear Systems [J]. Journal of Research ofthe National Bureau of Standards, 1952, 49(1): 409-436

[30] Van der Vorst, H. A. Bi-CGSTAB: A Fast and Smoothly Converging Variant of Bi-CG for the Solution of Nonsymmetric Linear Systems. SIAM Journal on Scientific and Statistical Computing[J]. Stat. Comput, 1992, 13: 631-644.

[31] Christensen N B, Reid J E, Halkjær M. Fast, Laterally Smooth Inversion of Airborne Time-Domain Electromagnetic Data[J]. Near Surface Geophysics, 2009, 7(5-6): 599-612.

[32] Christensen N B. Fast Approximate 1D Modelling and Inversion of Transient Electromagnetic Data[J]. Geophysical Prospecting, 2016, 64(6): 1620-1631.

[33] Huang H, Fraser D C. The Differential Parameter Method for Multifrequency Airborne Resistivity Mapping[J]. Geophysics, 1996, 61(1): 100-109.

[34] Fraser D C. Resistivity Mapping with an Airborne Multicoil Electromagnetic System[J]. Geophysics, 1978, 43(1): 144-172.

[35] Sengpiel K P. Approximate Inversion of Airborne EM Data from A Multilayered Ground[J]. Geophysical Prospecting, 1988, 36(4): 446-459.

[36] Huang H, Rudd J. Conductivity-Depth Imaging of Helicopter-Borne TEM Data Based on a Pseudolayer Half-Space Model[J]. Geophysics, 2008, 73(3): F115-F120.

[37] Tartaras E, Zhdanov M S, Wada K, et al. Fast Imaging of TDEM Data Based on SInversion[J]. Journal of Applied Geophysics, 2000, 43(1): 15-32.

[38] Zhdanov M S, Pavlov D A, Ellis R G. Localized S-Inversion of Time-Domain Electromagnetic Data[J]. Geophysics, 2002, 67(4): 1115-1125.

[39] 严良俊，徐世浙，胡文宝，等. 中心回线瞬变电磁测深全区视纵向电导解释方法[J]. 浙江大学学报:理学版，2003(2):236-240.

[40] 李貅，全红娟，许阿祥，等. 瞬变电磁测深的微分电导成像[J]. 煤田地质与勘探，2003，31(3):59-61.

[41] Duan Z, Meng L B, Li T B. Numerical Simulation of Transient Electromagnetic Response of Unfavorable Geological Body in Tunnel [J]. Applied Mechanics & Materials, 2011, 90-93:37-40.

[42] Sun H, Shucai L I, Xiu L I, et al. Research on Transient Electromagnetic Multipoint Array Detection Method in Tunnel [J]. Chinese Journal of Rock Mechanics & Engineering, 2011, 30(11):2225-2233.

[43] Andersen K K, Kirkegaard C, Foged N, et al. Artificial Neural Networks for Removal of Couplings in Airborne Transient Electromagnetic Data[J]. Geophysical Prospecting, 2016, 64(3):741-752.

[44] 王家映. 人工神经网络反演法[J]. 工程地球物理学报，2008，5(3):255-265.

[45] 徐海浪，吴小平. 电阻率二维神经网络反演[J]. 地球物理学报，2006，49(2):584-589.

[46] Li J H, Zhu Z, Feng D, et al. Calculation of All-Time Apparent Resistivity of Large

Loop Transient Electromagnetic Method with Very Fast Simulated Annealing[J]. Journal of Central South University of Technology, 2011, 18(4): 1235-1239.

[47] 朱凯光,林君,韩悦慧,等.基于神经网络的时间域直升机电磁数据电导率深度成像[J].地球物理学报.2010,53(3):743-750

[48] Zhu K G, Ma M Y, Che H W, et al. PC-Based Artificial Neural Network Inversion for Airborne Time-Domain Electromagnetic Data[J]. Applied Geophysics, 2012, 9(1): 1-8.

[49] 嵇艳鞠,徐江,吴琼,等.基于神经网络电性源半航空视电阻率反演研究[J].电波科学学报,2014,29(5):973-980.

[50] IEEE Std 80 - 2000. IEEE Guide for Safety in AC Substation Grounding[S]. New York: IEEE, 2000.

[51] Huang S, Fu Z, Wang Q, et al. Service Life Estimation for the Small-and Medium-Sized Earth Grounding Grids[J]. IEEE Transactions on Industry Applications, 2015, 51(6): 5442-5451.

[52] Vrbancich J, Fullagar P K, Macnae J. Bathymetry and Seafloor Mapping Via One Dimensional Inversion and Conductivity Depth Imaging of AEM[J]. Exploration Geophysics, 2000, 31(4): 603-610.

[53] Hu J, Zeng R, He J, et al. Novel method of corrosion diagnosis for grounding grid [C]//PowerCon 2000. 2000 International Conference on Power System Technology. Proceedings (Cat. No. 00EX409). IEEE, 2000, 3: 1365-1370.

[54] Dawalibi F. Electromagnetic Fields Generated by Overhead and Buried Short Conductors Part 2-Ground Networks[J]. IEEE Transactions on Power Delivery, 1986, 1(4): 112-119.

[55] Qamar A, Shah N, Kaleem Z, et al. Breakpoint Diagnosis of Substation Grounding Grid Using Derivative Method[J]. Progress In Electromagnetics Research, 2017, 57: 73-80.

[56] Kostić V I, Raičevič N B. A Study on High-Voltage Substation Ground Grid Integrity Measurement[J]. Electric Power Systems Research, 2016, 131: 31-40.

[57] Zheng R, He J, Hu J, et al. The Theory and Implementation of Corrosion Diagnosis for Grounding System [C]//Conference Record of the 2002 IEEE Industry Applications Conference. 37th IAS Annual Meeting (Cat. No. 02CH37344). IEEE, 2002, 2: 1120-1126.

[58] Yuan J, Yang H, Zhang L, et al. Simulation of Substation Grounding Grids with Unequal-Potential[J]. IEEE Transactions on Magnetics, 2000, 36(4): 1468-1471.

[59] Zhu X, Cao L, Yao J, et al. Research on Ground Grid Diagnosis with Topological Decomposition and Node Voltage Method[C]//2012 Spring Congress on Engineering and Technology. IEEE, 2012: 1-4.

[60] Zhang B, Zhao Z, Cui X, et al. Diagnosis of Breaks in Substation's Grounding Grid by Using the Electromagnetic Method[J]. IEEE Transactions on Magnetics, 2002, 38(2):

473-476.

[61] Liu Y, Cui X, Zhao Z. A Magnetic Detecting and Evaluation Method of Substation'S Grounding Grids with Break and Corrosion[J]. Frontiers of Electrical and Electronic Engineering in China, 2010, 5(4): 501-504.

[62] Zhang P H, He J J, Zhang D D, et al. A Fault Diagnosis Method for Substation Grounding Grid Based on the Square-Wave Frequency Domain Model[J]. Metrology and Measurement Systems, 2012, 19(1): 63-72.

[63] Chunli L, Wei H, Degui Y, et al. Topological Measurement and Characterization of Substation Grounding Grids Based on Derivative Method[J]. International Journal of Electrical Power & Energy Systems, 2014, 63: 158-164.

[64] Fu Z, Song S, Wang X, et al. Imaging the Topology of Grounding Grids Based on Wavelet Edge Detection[J]. IEEE Transactions on Magnetics, 2018, 54(4): 1-8.

[65] Zhang X L, Zhao X H, Wang Y G, et al. Development of an Electrochemical in Situ Detection Sensor for Grounding Grid Corrosion[J]. Corrosion, 2010, 66(7): 076001-076007.

[66] Long X, Dong M, Xu W, et al. Online Monitoring of Substation Grounding Grid Conditions Using Touch and Step Voltage Sensors[J]. IEEE Transactions on Smart Grid, 2012, 3(2): 761-769.

[67] Zhihong F, Cigong Y, Xingzhe H. Transient Electromagnetic Apparent Resistivity Imaging for Break Point Diagnosis of Grounding Grids[J]. Transactions of China Electrotechnical Society, 2014, 29(9): 253-259.

[68] Yu C, Fu Z, Hou X, et al. Break-Point Diagnosis of Grounding Grids Using Transient Electromagnetic Apparent Resistivity Imaging[J]. IEEE Transactions on Power Delivery, 2015, 30(6): 2485-2491.

[69] Yu C, Fu Z, Wang Q, et al. A Novel Method for Fault Diagnosis of Grounding Grids [J]. IEEE Transactions on Industry Applications, 2015, 51(6): 5182-5188.

[70] Qu Y, Xu W, Li S, et al. Corrosion Fault Diagnosis for Substation's Grounding Grid Based on Micro Method[C]//2017 China International Electrical and Energy Conference (CIEEC). IEEE, 2017: 658-662.

[71] 韩磊,宋诗哲,张秀丽,等. 便携式接地网腐蚀电化学检测系统及其应用[J]. 腐蚀科学与防护技术,2009,21(3):337-340.

[72] Tao Y, Minfang P, Haitao H. A Practical Method for Detecting the Status of Grounding Grids[C]//2010 The 2nd International Conference on Industrial Mechatronics and Automation. IEEE, 2010, 1: 270-273.

[73] 刘洋. 变电站接地网缺陷诊断方法和技术的研究[D]. 河北:华北电力大学,2008.

[74] Zhang B, Zhao Z, Cui X, et al. Diagnosis of Breaks in Substation's Grounding Grid by Using the Electromagnetic Method[J]. IEEE Transactions on Magnetics, 2002, 38(2):

473-476.

[75] Yang L, Xiang C. Research and Application of the System on Measuring Magnetic Field in Complicated EMI Environment in Substation[C]//2007 International Symposium on Electromagnetic Compatibility. IEEE, 2007: 146-149.

[76] He Z, Hu H, Huang W, et al. A Method of Defect Diagnosis for Integrated Grounding System in High-Speed Railway[J]. IEEE Transactions on Industry Applications, 2015, 51(6): 5139-5148.

[77] Zhang P H, He J J, Zhang D D, et al. A Fault Diagnosis Method for Substation Grounding Grid Based on the Square-Wave Frequency Domain Model[J]. Metrology and Measurement Systems, 2012, 19(1): 63-72.

[78] Qamar A, Umair M, Yang F, et al. Derivative Method Based Orientation Detection of Substation Grounding Grid[J]. Energies, 2018, 11(7): 1873.

[79] Kai L, Fan Y, Songyang Z, et al. Research on Grounding Grids Imaging Reconstruction Based on Magnetic Detection Electrical Impedance Tomography[J]. IEEE Transactions on Magnetics, 2018, 54(3): 1-4.

[80] IEEE Std 81-2012. IEEE Guide for Measuring Earth Resistivity, Ground Impedance, and Earth Surface Potentials of a Ground System[S]. New York: IEEE, 2012.

[81] Moore R E. Grounding Grid Integrity Testing[M]//Virginia Power, Southeastern Electric Exchange. 1994: 25-27.

[82] Gill P. Electrical Power System Grounding and Ground Resistance Measurements[J]. Electrical Power Equipment Maintenance and Testing, 2009: 710-713.

[83] Jing P J, Xi Z, Cun F H, et al. Experiments on Non-Destructive Testing of Grounding Grids Using SH0 Guided Wave[J]. Insight-Non-Destructive Testing and Condition Monitoring, 2012, 54(7): 375-379.

[84] Jiang Y, Chen W, Chen H. The Application of Ultrasonic Guided Wave in Grounding Grid Corrosion Diagnosis[J]. International Journal of Computer and Electrical Engineering, 2013, 5(3): 313.

[85] Rodrigues N R N M, de Oliveira R M S, Carvalho L F P, et al. A Method Based on High Frequency Electromagnetic Transients for Fault Location on Grounding Grids [C]//2013 SBMO/IEEE MTT-S International Microwave & Optoelectronics Conference (IMOC). IEEE, 2013: 1-5.

[86] 籍勇亮,张淮清,王秀娟,等. 一种基于阀值比较的接地网腐蚀断点检测系统[P]. 中国专利:CN203858320U,2014-10-01.

[87] 张来福,杨虹,刘国强,等. 一种基于瞬变电磁法的接地网成像方法[P]. 中国专利:CN106770665A,2017-05-31.

[88] 张来福,杨虹,刘国强,等. 一种基于瞬变电磁法的接地网成像装置[P]. 中国专利:CN106525977A,2017-03-22.

[89] 栾卉,嵇艳鞠,郑建波,等. 一种基于瞬变电磁异常环原理的接地网断点诊断方法[P]. 中国专利:CN105137279A,2015-12-09.

[90] SchelkunoffS A. Electromagnetic Waves[M]. Princeton: D. Van Nostrand Co., Inc, 1934: 387-394.

[91] Harrington R F. Time-Harmonic Electromagnetic Fields[M]. New York: McGraw-Hill, 1961: 143-186.

[92] Baños A. Dipole Radiation in the Presence of a Conducting Halfspace[M]. Oxford: Pergamon, 1966: 91-124.

[93] WaitJ R. Electromagnetic Waves in Stratified Media: Revised Edition Including Supplemented Material[M]. Holand: Elsevier, 2013: 17-76.

[94] Abramowitz M, Stegun I A. Handbook of Mathematical Functions: with Formulas, Graphs, and Mathematical Tables[M]. Chicago: Courier Corporation, 1965: 355-387.

[95] Erdelyi A. Tables of Integral Transforms[M]. New York: McGraw-Hill, 1954: 241-265.

[96] Nabighian M N, Macnae J C. Time Domain Electromagnetic Prospecting Methods[J]. Electromagnetic Methods in Applied Geophysics, 1991, 2(part A): 427-509.

[97] Watson G N. A Treatise on the Theory of Bessel Functions[M]. Cambridge: Cambridge University Press, 1995: 132-159.

[98] Dwight H B. Tables of Integrals and other Mathematical Data[M]. New York: The MacMillan Company, 1961: 174-191.

[99] Spies B R, Raiche A P. Calculation of Apparent Conductivity for the Transient Electromagnetic (Coincident Loop) Method Using an HP-67 Calculator[J]. Geophysics, 1980, 45(7): 1197-1204.

[100] Raiche A P, Spies B R. Coincident Loop Transient Electromagnetic Master Curves for Interpretation of Two-Layer Earths[J]. Geophysics, 1981, 46(1): 53-64.

[101] Christensen N B. 1D Imaging OF Central Loop Transient Electromagnetic Soundings [J]. Journal of Environ-mental & Engineering Geophysics, 1995, 2(1): 53-66.

[102] 白登海, 卢健, 王立凤,等. 时间域瞬变电磁法中心方式全程视电阻率的数值计算[J]. 地球物理学报, 2003, 46(5):697-704.

[103] 杨生. TEM 中心回线法计算考虑关断时间的全区视电阻率[J]. 物探与化探, 2008, 32(6):647-651.

[104] 李建平, 李桐林, 赵雪峰,等. 层状介质任意形状回线源瞬变电磁全区视电阻率的研究[J]. 地球物理学进展, 2007, 22(6):1777-1780.

[105] 王华军. 时间域瞬变电磁法全区视电阻率的平移算法[J]. 地球物理学报, 2008, 51(6):1936-1942.

[106] 陈清礼. 瞬变电磁法全区视电阻率的二分搜索算法[J]. 石油天然气学报, 2009, 31(2):45-49.

[107] 付志红，孙天财，陈清礼，等. 斜阶跃场源瞬变电磁法的全程视电阻率数值计算[J]. 电工技术学报，2008，23(11)：15-21.
[108] 秦善强，付志红，朱学贵，等. 遗传神经网络的瞬变电磁视电阻率求解算法[J]. 电工技术学报，2017，32(12)：146-154.
[109] 曹敏，秦善强，胡绪权，等. 神经网络自变量输入模式的视电阻率求解算法[J]. 重庆大学学报，2016 (6)：4.
[110] Wilson G A，Raiche A P，Sugeng F. 2.5 D Inversion of Airborne Electromagnetic Data[J]. Exploration Geophysics，2006，37(4)：363-371.
[111] Hecht-Nielsen R. Theory of the Backpropagation Neural Network [M]//Neural networks for perception. Academic Press，1992：65-93.
[112] Yao X. Evolving Artificial Neural Networks[J]. Proceedings of the IEEE，1999，87(9)：1423-1447.
[113] Hush D R，Horne B G. Progress in Supervised Neural Networks[J]. IEEE signal processing magazine，1993，10(1)：8-39.
[114] Møller M F. A Scaled Conjugate Gradient Algorithm for Fast Supervised Learning[J]. Neural networks，1993，6(4)：525-533.
[115] Herrera F，Lozano M，Verdegay J L. Tackling Real-Coded Genetic Algorithms：Operators and Tools for Behavioural Analysis[J]. Artificial intelligence review，1998，12(4)：265-319.
[116] Eshelman L J，Schaffer J D. Real-coded Genetic Algorithms and Interval-Schemata [M]//Foundations of genetic algorithms. Elsevier，1993，2：187-202.
[117] Michalewicz Z，Janikow C Z，Krawczyk J B. A Modified Genetic Algorithm for Optimal Control Problems[J]. Computers & Mathematics with Applications，1992，23(12)：83-94.
[118] Qasem S N，Siti M S，Azlan M Z. Multi-Objective Hybrid Evolutionary Algorithms for Radial Basis Function Neural Network Design[J]. Knowledge-Based Systems，2012，27：475-497.
[119] Zhu D，Huang H，Yang S X. Dynamic Task Assignment and Path Planning of Multi-AUV System Based on an Improved Self-Organizing Map and Velocity Synthesis Method in three-dimensional Underwater Workspace [J]. IEEE Transactions on Cybernetics，2013，43(2)：504-514.
[120] 张瑞强. 变电站接地网接地性能及其故障诊断成像系统研究[D]. 重庆：重庆大学，2014.
[121] Kohonen T. The Self-Organizing Map[J]. Proceedings of the IEEE，1990，78(9)：1464-1480.
[122] Samarasinghe S. Neural Networks for Applied Sciences and Engineering-From Fundamentals to Complex Pattern Recognition[M]. New York：Auerbach publications，2016：275.